U0069207

成長旅程

一張親子共乘的單程票，
一帖緩解家長擔心焦慮的良方

女孩版

邱巧凡 著

臨床用心，文筆流暢的
兒童內分泌科衛教之作

◎林奏延

臺灣邁入少子化時代，除了小孩的生育、養育、教育，家長也更加重視兒童健康與疾病預防，促使臺灣兒科臨床醫療的品質日益提升。其中，「兒童生長發育」扮演相當重要的角色，藉由孩童過高、過矮、過胖、過瘦、性早熟等徵象的診斷與治療，達到兒童疾病預防的目的。

本書作者邱巧凡醫師是長庚體系完整栽培的兒科醫師。邱醫師畢業於長庚大學中醫學系雙主修醫學系，見實習期間表現優異，畢業當年林口長庚醫院兒童內部住院醫師招募應徵者眾，邱醫師在眾多優秀應徵者中脫穎而出，雀屏中選。後續在長庚兒童醫院接受完整兒科專科醫師訓練。在取得兒科專科醫師資格後選擇兒童內分泌科訓練，並順利升任長庚兒童醫院主治醫師。

在邱醫師晉升主治醫師時，林口長庚醫院僅有兩位兒童內分泌科主治醫師，邱醫師配合長庚醫院政策，同時在基隆

長庚、台北長庚、新北市立土城醫院、林口長庚、新竹東元綜合醫院等五個縣市的醫院看診,並獲得多數病童與家長的認同,所以每個門診都門庭若市。

由於邱醫師在兒童內分泌科具豐富臨床經驗,本人主編《兒科常見疾病診療手冊》時,特別請邱醫師協助編寫〈身材矮小〉、〈性早熟〉、〈低血糖〉等章節。當時看過邱醫師擬的文稿後,被邱醫師在臨床的用心與流暢的文筆所感動,便鼓勵邱醫師著手編寫兒童內分泌科常見疾病的衛教書籍。很高興門診業務相當繁重的邱醫師,能夠撥冗整理豐富的臨床經驗,編寫如此完善的衛教書籍,故特地以此推薦序文表示對邱巧凡醫師的肯定與鼓勵。

林口長庚兒童醫學中心名譽院長

前衛生福利部部長

一起守護孩子們的健康

◎李宏昌

邱巧凡醫師在大學七年級西醫實習課程時，由於對兒科學深感興趣，當時特別申請到馬偕兒童醫院兒科部受訓，訓練過程認真優秀、充滿熱忱，更因此播下後續成為兒科醫師的種子。

十三年後，邱醫師已從當年稚嫩的實習醫學生成為獨當一面的長庚醫學中心兒童內分泌科主治醫師。在我擔任臺灣兒科醫學會理事長的任內，邱醫師曾協助參與兒科醫師繼續教育課程的講授，第一次是2022年3月13日臺灣兒科醫學會「兒科繼續教育課程」【感染疾病之外，門診兒童常見問題搜密與攻略】「兒童常見內分泌生長發育問題」的講師。第二次是2023年4月30日的【馬偕兒童醫院青少年全人健康照護研討會】「青少年的媒體使用」主題的講師。兩次的演講都讓我印象深刻，邱醫師善於化繁為簡，將艱澀難懂的醫學知識，以白話淺顯的方式呈現，搭配生動的演說，每次的演講都獲得聽眾熱烈的迴響。

兒科醫學會於1960年4月3日兒童節前夕成立，從成立之

初每年約 40 萬名的新生兒，走過一甲子，如今臺灣每年出生人數只剩 14 萬。面對日益減少的新生兒人數，即將面臨的老人化社會結構，國家未來主人翁的健康守護與疾病防治更顯重要。

許多兒童疾病的警訊可從生長發育的異常出現端倪，現在人孩子生得少，對於兒童生長發育日益重視，邱醫師用心撰寫的《成長旅程：一張親子共乘的單程票，一帖緩解家長擔心焦慮的良方》，完整地陳述兒童成長階段常見的生長發育問題，依不同主題分章節就中西醫觀點陳述說明，用門診常見的臨床案例情境，以淺顯易懂的白話描述搭配插圖呈現，解答家長們的擔憂與導正錯誤的網路迷思，讓兒童照護者知道如何正確辨識兒童生長發育異常，及早發現疾病初期的警訊，及早「正確就醫」。

真心推薦《成長旅程：一張親子共乘的單程票，一帖緩解家長擔心焦慮的良方》給每一位兒童照護者，讓我們一起守護孩子們的健康。

臺灣兒科醫學會理事長
前馬偕兒童醫院院長

中西醫整合教育理念的最佳體現

◎張恒鴻

為落實中西整合醫療，長庚醫療體系於 1996 年設立中醫部，長庚大學亦於 1998 年招收第一屆中醫學系雙主修醫學系學生，是繼中國醫藥大學之後，國內第二所大學設置中醫學系雙主修醫學系。筆者有幸接受王創辦人永慶先生的邀請，受聘為長庚紀念醫院中醫醫院副院長，襄贊長庚醫療體系發展傳統中醫與現代醫學整合的相關規劃。

邱巧凡醫師是長庚大學中醫學系雙主修醫學系第五屆的優秀畢業生，在校修習四年中西醫基礎醫學課程之後，再進入醫院接受四年中西醫各科見習與實習訓練，目的在透過醫學中心嚴謹而有系統的臨床、教學與研究，讓中西整合醫療深植於每位醫學生心中。

邱醫師在入學前就曾見證許多親友受惠於中醫藥，因此在學期間就表現出對中西整合醫學的高度熱忱。她在大學四年級，也是基礎醫學課業最繁忙的階段，創辦「高中生中西醫學體驗營」，並擔任首屆總召集人，除了增進國人養

生保健觀念外，也希望透過各行各業的青年才俊，協助發展中西整合醫療。這項營隊一直廣受歡迎，非常成功，並延續至今。本人當時代表院方全力支持，並對邱醫師推廣中西整合醫療的用心留下深刻印象。

長庚大學雙主修醫學生畢業後，仍須選擇在中醫或西醫部門分別接受完整的臨床訓練，以備未來能執行中西整合醫療。邱醫師在林口長庚醫學中心完成兒科專科醫師訓練，成為兒童內分泌專科醫師，並升任主治醫師，持續在醫學中心發展兒童生長中西整合醫療的臨床、教學與研究，可說是長庚體系中西醫整合教育理念的最佳體現。

筆者有感於邱醫師對孩童及其家庭的用心，謹以此序文表示對邱醫師的鼓勵與支持，並將此書推薦給所有擔心孩子生長發育的父母。

前長庚醫療體系中醫副院長
中國醫藥大學前中醫學院院長
中西醫結合研究所所長

將中西整合醫學的觀念推廣到社會大眾

◎楊賢鴻

中醫藥經歷數千年的淬鍊，是老祖宗智慧與經驗的結晶。王創辦人永慶先生有感於中醫藥有其珍貴價值，應予以傳承，並結合現代醫學科技進一步研究，發展中西整合醫學，造福病患、回饋社會。長庚大學中醫學系於1997年經教育部核准進行籌設，1998年7月成立並招收第一屆學生，迄今已招收25屆。

本系教育目標是培養兼具傳統中醫與現代醫學知識之中西醫整合人才。藉由系統掌握中西醫理論與臨床技能，運用現代化科學知識和方法來研究發展中西醫學術，促進中醫現代化，以達成整合中西醫學之目標。

本書作者邱巧凡醫師是本系第五屆雙主修醫學系畢業生。邱醫師在學期間為協助宣傳本系對中西整合醫學的辦學理念，創立「高中生中西醫學體驗營」，藉由高中生到本系親身體驗中西醫雙主修課程，瞭解本系對於中西整合醫學教育的用心，並進一步將中西整合醫學的觀念推廣到社會大眾。

邱醫師在林口長庚醫院中醫部實習期間，筆者時任林口長庚醫院中醫部主任，對邱醫師認真的學習態度印象深刻。許多主治醫師對邱醫師的表現也稱讚有加，所以邱醫師在實習結束後取得「最佳實習醫師」及「書卷獎」的殊榮。

邱醫師善於整合所學中醫與西醫兒科學知識，以簡單話語為病患解說，並提供病患多元的醫療方式選擇，所以病患及家長評價較高，榮獲林口長庚醫院「服務優良人員」。此外，邱醫師自從住院醫師開始看診，至今每個門診都額滿，臨床業務相當繁忙。即使如此，邱醫師在晉升林口長庚醫院兒童內分泌科主治醫師後，仍進到本校臨床醫學研究所攻讀博士班，以深入研究兒童生長的中西醫結合治療。

由於邱巧凡醫師在中西整合醫學的用心與優越表現，本人以此序推薦邱醫師大作。

前林口長庚醫院中醫部主任
長庚大學中醫學系主任

所有父母都受惠的一本書

◎陳木榮

有個青春期的男孩子，因為早上起床的時候陰莖疼痛，被爸爸媽媽帶來診所做檢查。我現場看了一下孩子的陰莖，發現他的包皮前端開口過小，無法褪下包皮露出龜頭，加上進入青春期之後每天早上晨間充血勃起，包皮緊緊包覆拉扯陰莖，因而導致陰莖疼痛。

我現場解釋孩子的狀況時，媽媽開口問了一句話：「你的意思是正常人的陰莖不是這樣，是嗎？」當我正想進一步說明的時候，我發現媽媽的眼睛是看著爸爸的。我隱約感覺到，爸爸應該也是包莖，也是無法褪下包皮露出龜頭，也因此當孩子出現同樣狀況的時候，爸爸媽媽習以為常，認為大家都是一樣的，無法立刻發現孩子的問題。

關於男生女生的青春期，關於生殖器官，不具醫療相關背景的爸爸媽媽，的確沒有辦法了解的十分透徹，也因為這些都屬於個人隱私，自然不可能與他人有太多比較，爸爸媽媽似懂非懂，幾乎沒辦法給孩子一個完全正確的答案。

真心建議各位爸爸媽媽，細讀邱醫師的《成長旅程：一張親

子共乘的單程票，一帖緩解家長擔心焦慮的良方》。

本書作者林口長庚醫院邱巧凡醫師，除了三年的兒科專科醫師訓練之外，還進一步完成了次專科訓練，取得兒童內分泌科與青少年醫學次專科證照。每當我把病人轉介給邱醫師，我都會說：「邱醫師在醫院專門看長太高、長不高、長太胖、養不胖，男生陰莖太短，女生胸部提早發育。」我知道這樣簡短的介紹沒辦法涵蓋邱醫師所有的看診項目，但是在門診當中，家屬擔心的事還真的以上面這些狀況居多。

邱醫師的門診非常難掛號，也因此網路上有在販賣邱醫師門診的黃牛票，我心裡常常想如果邱醫師能夠把腦袋裡的知識寫成一本書，讓更多家長都受惠，那應該可以幫助不少爸爸媽媽。

我的許願成真，邱醫師真的出書了，我要把邱醫師的這本書《成長旅程：一張親子共乘的單程票，一帖緩解家長擔心焦慮的良方》，推薦給全天下的爸爸媽媽。

柚子小兒科診所院長

柚子醫師

每個病童，都是自己的孩子

◎陳怡斌

親愛的老婆出書了！

邱巧凡醫師從取得西醫兒童專科醫師後開始看門診，或許因為視病如親加上兼具中西醫專業，醫院網路掛號就一直額滿，不論是基隆長庚、台北長庚、新北市立土城醫院、林口長庚、新竹東元醫院，即使半夜用網路也很難加掛到一個月後的門診。看診時電話或現場要求加號源源不絕，造成門診護理師不少困擾。

因此，邱醫師決定花時間、用心寫書，希望藉此緩解家長焦慮。我既然不是兒科專業醫師，就以邱醫師「賢內助」的身分，向大家爆料邱醫師的養成過程。

據邱醫師家人及同學的說法，邱醫師從小就是家長口中「別人家的小孩」：沒補習、回家不念書卻總是考全校前幾名，美術、音樂也不落人後。除了高智商 (Intelligence Quotient，IQ)，邱醫師更有超高情商 (Emotional Quotient,

EQ），即使病人再多、再忙再累，臉上總是掛著笑容，從不對病患或護理人員發脾氣，更不會惡言相向。

如此千年不遇的絕世女神，自然有許多人問我當年如何追到邱醫師。記得在2002年，當時邱醫師大學一年級，我為了參選長庚大學中醫學系學生會長，選前遍訪系上大一學弟妹尋求幹部，精通電腦軟體、網際網路的邱醫師獲選為系學生會的網路管理員，兼任「會長夫人」，共同為繁雜的會務、系務努力。

此外，為了全面推廣中西整合醫學，於2006年創立「高中生中西醫學體驗營」，由邱醫師擔任首任總召，今年招收第18屆高中生學員，18年來總計帶著近1800位高中生體驗長庚大學中醫學系雙主修醫學系的課程內容與臨床醫療，期盼讓中西整合醫學的觀念能早日普及。

邱醫師的專業養成過程跟多數醫師一樣：畢業後進入醫學中心訓練西醫兒童專科醫師、接受次專科訓練並順利取得「兒童內分泌科專科醫師」資格，晉升主治醫師後就在醫學中心執行教學、臨床、研究的工作。不同的是，為了推廣兒科中西醫整合醫療，邱醫師出任中醫兒科醫學會秘書長，

預計藉由專科醫學會舉辦中醫師在職教育訓練課程，與中醫師共同探討中西醫整合醫療。此外，邱醫師進入臨床醫學研究所博士班，研究性早熟的中西藥併用。

家庭方面，我們認識十年結婚，婚後兩年、四年迎接女兒、兒子。這幾年我們夫妻倆自己帶兩個小孩，理智線斷了又接、接了又斷，深深體會到為人父母的辛酸與苦楚。因此邱醫師常把病童當作自己的孩子在設想與照顧，對病童們的用心可謂無微不至。

平常省吃儉用的邱醫師最常上網購物的品項是用來鼓勵門診病童們的文具、玩具與禮物，曾經看邱醫師花了極大心思做功課，買內衣給媽媽病逝、單親爸爸獨自照顧的糖尿病初發育小女孩，買連續性血糖監測系統(CGMS)給罹患癌症的糖尿病童，讓這些小朋友得到更適切的醫療照護。

邱醫師用了非常多的時間和心力來寫這本書，期盼能緩解家長的焦慮，並釐清坊間對兒童生長的誤解、避免健康食品與藥物的濫用。

最重要的是，倘若家長看完本書後仍對孩子的生長有疑

慮，建議家長尋求專業「兒童內分泌科專科醫師」診療，才能避免醫師誘發需求（Physician Induced Demand），除了傷了荷包，更擔心影響孩子的健康。

前林口長庚醫院中醫婦科主治醫師
長庚醫院生殖醫學中心中西醫主治醫師
醫學博士 / 醫師科學家

一本書，造福更多家庭與孩子

◎彭惠瑜（家長）

我的麻糬寶貝在幼兒園中班時罹患了第一型糖尿病。最初是發現孩子喝水量增加，陸續出現食量暴增、尿床及泡泡尿的問題，漸漸地體力變差，體重也下降，擔任兒科護理師的經驗告訴我：孩子不對勁！趕緊帶著孩子到我工作的醫院求診，血糖一驗驚為天人，我們隨即轉診到林口長庚醫院，也因此結識了巧凡醫師。

剛診斷第一型糖尿病那段時間，對孩子及我們一家人來說，是相當煎熬難過的回憶。即使自己是護理師，仍然對於孩子罹病後的未來感到惶恐不安。每次餐前的扎指尖血測血糖、注射胰島素、所有含醣食物皆要秤重，易升糖的食物都要盡量避免、斤斤計較，對於年僅四歲的孩子來說，多麼令人心疼不捨。為了能花更多時間照顧孩子，我也因此離開了職場。

很慶幸我們能在林口長庚醫院兒童內分泌科團隊接受專業照護，巧凡醫師除了耐心地說明孩子的病況，以及接下來

的治療方針之外，還用盡心思讓孩子逐漸不再害怕恐慌，能夠勇敢地面對疾病、接受治療。為了讓麻糬的學校生活也能得到妥善照顧，邱醫師甚至親自出動偕同臺灣兒童糖尿病關懷協會的故事媽媽們一起到麻糬的幼兒園，透過繪本故事的說明與互動，讓老師、園方與小朋友們可以更加了解第一型糖尿病，更能夠包容孩子的與眾不同，也讓孩子在學校的生活得到更完善的照顧。

因緣際會下，麻糬的幼兒園有一個校護職缺，在我猶豫掙扎時，巧凡醫師的積極鼓勵與勸說，讓我有機會重返職場，又能同時兼顧孩子在學校時的照顧。

每季的回診，已經成為我跟麻糬的固定行程。除了例行性的抽血檢查與回診領藥，邱醫師時常透過通訊軟體 Line 了解麻糬的血糖控制情形，當麻糬有臨時狀況，我們也能藉此與邱醫師緊急聯繫，討論解決的方法，免去大人、小孩請假，舟車勞頓，耗掉一整天時間候診的煎熬，巧凡醫師的「貼心遠距服務」，對於雙薪家庭的我們著實是很大的幫助。

巧凡醫師的專業照護、對孩子與家長的用心，對小朋友的親和力及許多暖心的小細節，相信許多曾帶孩子看巧凡醫

師門診的家長們一定也都感同身受。現在麻糬與妹妹都好期待每一次的回診。每到回診月，兩姊妹畫畫、捏黏土、烤餅乾、寫卡片、做勞作……輪番上陣，期待回診時能跟巧凡醫師分享、交換禮物。因為建立良善、互信的醫病關係，讓我們放心地將孩子交給醫師。孩子喜歡巧凡醫師，也更能遵循醫囑，讓血糖控制得更加理想。

過程中，我們也曾全家出動參加巧凡醫師主講的社區生長發育衛教課程，得知原來許多兒童疾病都可以從生長發育的異常看出端倪，巧凡醫師也提醒校園護理師的重要性，許多生長發育異常的孩子前來就診都來自校護與老師的警覺發現與轉介，讓我在職場上更加積極熱忱地幫孩子留意，為學校孩子的健康把關。

或許因為曾經聆聽巧凡醫師的衛教課程，麻糬在七歲時很警覺地發現自己的乳房變得硬硬痛痛的，立馬跟我說並趕緊就醫，巧凡醫師一看立即安排性早熟檢查，並很快地診斷中樞性早熟，開始接受性早熟治療。因為上過衛教課程，對於性早熟的概況與治療有了初步的了解，在面對孩子確診與決定治療時，我們沒有太多的猶豫與掙扎。沒有因為不了解而疏忽、耽誤孩子診斷與治療的黃金時期，也沒有

看錯科別，或者嘗試坊間不正確的藥物及方法，少走了許多冤枉路。

因為自己的親身經歷，身為家長與校園護理師雙重角色，也看過不少沒能及時發現孩子問題，沒能及時就醫接受診斷與治療，看錯科別，或者聽信錯誤的網路消息，嘗試偏方，耽誤了孩子的治療黃金期，甚至造成健康威脅的案例。深深體會從小關注孩子的健康與生長，以及傳達正確醫學知識的重要性。

衷心推薦這本巧凡醫師用心彙整中西醫學專業與多年臨床經驗，撰寫出來的嘔心瀝血之作《成長旅程：一張親子共乘的單程票，一帖緩解家長擔心焦慮的良方》。希望透過正確醫學知識與育兒觀念的傳遞，造福更多家庭與孩子。

成長，只有一次！

記憶猶新，2022 年 3 月，有鹿文化張佳雯小姐帶著清秀帥氣的高一兒子到林口長庚醫院就診，主訴寫著常見的「長高」。當我認真地幫孩子做檢查，向媽媽說明，依據年齡、骨齡及各項生長指標，男孩的成長應已進入尾聲。雖然男孩的身高不差，但對多數家長而言，這樣的過程家長往往是聚精會神、引頸期盼、焦急萬分的。

但這位媽媽似乎若有所思，欲言又止。正當我心想，媽媽是否玻璃心碎，想著該如何給這對母子一些正能量時，媽媽脫口而出，說自己來自出版社，當天身負重任，前來邀請我寫一本關於兒童生長發育的書籍。當天的門診情節，至今仍歷歷在目，原來佳雯「醉翁之意不在酒」，而男孩為了完成媽媽的任務，賣命演出，還讓醫師阿姨檢查第二性徵，現在回想起來，依然會心一笑。

近十年的看診經驗讓我深深體會現代家長對於孩子生長發育的關注與擔憂，這年頭帶孩子求診生長門診掛號並不容易，雙薪家庭照顧者與學童請假就診也有難處。而網路消

息似是而非、真假難辨，各種商業行為滲透兒童生長領域，包含保健食品、中西藥品、甚至是標榜專看兒童生長、費用高昂但卻非兒童內分泌專科醫師親自診療的自費診所也如雨後春筍般遍地開花，往往讓爸爸媽媽們無所適從。

時常可見孩子生長發育狀況一切正常，但因為對檢查結果不了解或是錯誤認知，造成家長的過度擔憂，甚至要求不適切的治療。尚有孩子生長發育明顯異常，卻因為缺乏對疾病訊息的警覺，耽誤潛在疾病診斷與治療的黃金時期，因而遺憾終身。

兒童生長發育的異常，常常是長期照護失當或潛在疾病的冰山一角。《黃帝內經》有云「上醫治未病，中醫治欲病，下醫治已病」。我殷切期盼，能在孩子即將走偏，步上疾病歧途之前，能及時提醒家長與孩子步入正軌，阻止、預防疾病的發生。而正確照顧觀念的建立與知識的傳遞皆需要足夠的時間，絕非門診短短數分鐘內可以完成的。

有鑑於此，筆者多次透過參與各縣市政府校護在職教育訓練、校園家長親職教育、公共托育中心與社區衛教活動、醫院病友會等活動，將兒童生長發育異常等相關資訊傳達

給家長、老師、校護等兒童照護者。每一次會後的 Q&A 時間，總有許多家長、老師排隊詢問孩子們的種種狀況與擔心的問題。每一次的講座也都因此揪出幾位生長發育異常的孩童，常見如性早熟、身材矮小、肥胖等，讓這些孩子的問題及時被發現，適當轉介，及早就醫接受治療。

印象最深刻的一次，是在新竹縣東元醫院舉辦的生長講座，一位國小一年級小女孩自己看到講座訊息，主動邀請爸爸媽媽參加，並在講座後發覺自己有性早熟的跡象，後續請爸爸媽媽帶到醫院，接受治療。

這些經驗讓我深深體會：醫學知識的傳達與觀念的建立，應該從小做起，且光靠單打獨鬥是微不足道的。謝謝有鹿文化讓我有機會將自己的專業與臨床經驗彙集成書，將艱澀難懂的醫學知識，以臨床案例搭配生動的插畫，鉤織成淺顯易懂的圖文來呈現，讓阿公阿嬤、爸爸媽媽與小朋友都可以一起親子共讀。

本書分別根據女孩、男孩養成過程中，從胎兒時期到青少年時期，生長發育過程可能面臨的問題，與應該注意的疾病警訊做介紹。再搭配精心設計、方便實用的「寶貝成長

紀錄手冊」，以及「量完就知道要不要看醫生的身高尺」，希望透過完整的成長紀錄，讓照護者與醫療團隊可以更精確地掌握孩子的生長，也將實用的衛教內容分門別類編輯成冊，讓爸爸媽媽與小朋友們能隨時查閱。

「家長與小朋友就診心路歷程分享」章節，透過真實個案的生長歷程，由過來人現身說法，讓即將開啟成長旅程的小朋友或正在十字路口徬徨徘徊的爸爸媽媽們，能有所依循。文末「身高以外的事」篇章，提醒家長關注孩子生長的過程，更重要的是健康生活習慣與人生態度的養成。不應灌輸孩子身高就是一切、矮小就是弱勢的錯誤觀念，也不該一味拿身高給孩子壓力，而忽視孩子的其他優點，應留意無心話語無形中對孩子身心靈與人格發展造成的傷害與衝擊。

「成長，只有一次」。家長與醫療工作者，都應該用更有效率與更正確的方法，陪伴孩子成長。期盼《成長旅程：一張親子共乘的單程票，一帖緩解家長擔心焦慮的良方》能讓每位兒童健康守護者少走冤枉路、少花冤枉錢，開心陪伴孩子共同成長茁壯，一起欣賞成長旅程沿途的美景，徜徉其中；而非披荊斬棘、膽戰心驚、體無完膚地闖過這趟旅程。與讀者共勉之。

目錄

1 ｜ 從出生開始，幫寶貝女兒記錄生長

2 ｜ 家有嬌小女

3 | 女兒胖胖的怎麼辦？

4 | 吾家有女初長成 —— 女兒進入青春期了嗎？

5 揭開「初經」的面紗

從出生開始，
幫寶貝女兒記錄生長

每個女孩都是父母最心愛的寶貝，從出生那一刻，就希望她能夠長大、長高、長好。

女孩身高，可參考生長曲線圖。若低於第 3 百分位，或高於第 97 百分位，建議就診「兒童內分泌科」。

女孩體重，可參考 BMI 對照表。若過輕、過重、肥胖，
應就醫評估是否有相關疾病。

成長速度很重要！

成長是動態的，「生長速度」才能反映孩子的健康狀
態。馬上動手量量寶貝的身高，並做好紀錄吧！

從受精卵形成的那一刻開始，寶寶便一天天地在成長茁壯。媽媽每次的產前檢查，婦產科醫師認真地透過超音波測量寶寶的頭臀長、頭橫徑、腹圍、股骨長度，估算著寶寶目前的體重，判斷寶寶的每一項生長指標，相較於正常相同妊娠週數寶寶的標準，是否有「過猶不及」。這樣仔細地記錄著胎兒的每一項生長指標，主要是因為**胎兒生長指標的異常，常常反映出寶寶健康出現警訊。**

在父母親的悉心照料下，寶寶呱呱墜地，脫離母體，被婦產科醫師抱到新生兒檢查台上，在初步的清潔與生命徵象評估後，護理師便會拿出測量工具，幫寶寶測量頭圍、身長以及體重。

 臨床
實境

「把拔馬麻恭喜！寶寶頭好壯壯，體重3200公克，是個健康寶寶喔！」

「小兒科醫師，寶寶足月生產，但出生體重只有1800公克，是低出生體重寶寶，需安排到新生兒病房接受專業醫療照護。」

「小兒科醫師，媽媽妊娠糖尿病，寶寶出生體重4500公克，是巨嬰，合併低血糖，需轉到新生兒病房接受檢查與治療。」

寶寶出生當下的身型、體重大小，攸關著寶寶的健康、整體器官成熟度以及可能伴隨的疾病。寶寶出生後，生長指標的評估也是每一次健兒門診接受預防接種的必評項目。因為，生長指標是否正常，一定程度地反映著個體的健康狀態。

從出生體重看寶寶在胎兒內的成長是否正常：

超低出生體重　　極低出生體重　　低出生體重　　標準出生體重　　巨嬰

1000g　　　1500g　　　2500g　　　4000g

出生體重圖

踏出成功的第一步
── 正確測量很重要！

各位爸爸、媽媽們若有帶孩子就診「兒童內分泌科成長門診」的經驗，想必一定會對診室內的「專業身高尺」印象深刻！

臨床實境

邱醫師：「小萱，我們診室內再脫鞋子測量一次身高喔！」

媽媽：「剛剛在報到櫃台量過了耶！」

在診室內測量完身高……。

邱醫師：「小萱今天的身高130.8公分。」

小萱：「可是剛剛外面量是131.5公分耶！媽媽我變矮了嗎？」

上述的故事情節，每一天在每一個生長門診不斷地上演著。一個正確的身高測量必須具備幾個條件，缺一不可：

- 標準而精確的身高測量儀器
- 專業的身高測量人員
- 標準的測量姿勢
- 正確的判讀

標準而精確的身高測量儀器

所謂「工欲善其事，必先利其器」，擁有標準的身高測量工具，是準確測量的第一步，而標準的身高測量器，必須有「精確的尺標」且在使用前應經過「校準」。

兩歲以下嬰幼兒，所使用的標準測量工具為「嬰兒身長計 (infantometer)」：

兩歲以上能配合標準站立姿勢之孩童，
則使用「身高測量計 (stadiometer)」：

專業的身高測量人員

身高及身長的測量過程，有許多重要的關鍵步驟，關係著測量結果是否精確。受過專業訓練，有豐富經驗的身高測量人員，能在最短的時間，掌握關鍵的測量重點，「快、狠、準」地得到精確的測量結果。

標準的測量姿勢

受測者的姿勢是否標準，大大影響著測量的結果。重要關鍵如下：

....

- 頭上不宜有任何髮飾或髮妝影響測量
- 眼睛平視正前方
- 不刻意抬頭、低頭
- 不聳肩
- 雙腳併攏、膝蓋打直
- 足跟貼齊牆面

....

正確的判讀

測量人員應固定好受測者與
垂直板,「雙眼平視尺標」,
正確判讀尺標數值。

量測出來,
女兒這樣的「身高」正常嗎?

孩子身高、體重是否正常,需參考「生長曲線圖」做判斷。

(備註:《兒童健康手冊》有 0 至 7 歲的身高、體重與頭圍曲線圖可供參考。)

生長曲線圖使用方法

舉例：3 歲 95 公分，對照後為 50 百分位 → 正常

- 橫軸為實際生理年齡（非虛歲，早產兒未滿 2 足歲，要用「矯正年齡」）
- 縱軸為身高、體重或頭圍
- 先找到橫軸孩子的年齡，再往上對到生長指標數值，交叉處描繪出記號
- 看看描繪出來的記號落在哪一條曲線上或範圍內
- 生長曲線圖上畫有第 3、15、50、85、97 等五條百分位曲線
- 若生長指標落在第 3–97 百分位，大致上屬於正常範圍
- 若高於第 97 百分位或低於第 3 百分位，可能有過高、過胖，過矮、過瘦的問題，需就診「兒童內分泌科」

臺灣女孩生長曲線圖

參考自臺灣兒科醫學會網站

量測出來，
女兒這樣的「體重」正常嗎？

兒童體重的判斷，須先認識「身體質量指數（BMI：Body Mass Index）」。

● BMI ＝ 體重（公斤）/ 身高（公尺）^{2}

兒童青少年的體重是否正常，必須對照BMI在同種族 / 性別 / 年齡的百分位。

BMI 數值若非落在「健康體位」，應就醫評估是否有相關疾病。

定義	BMI 數值
過輕 (underweight)	BMI < 第 5 百分位
健康體位 (healthy weight)	第 5 百分位 ≦ BMI < 第 85 百分位
過重 (overweight)	第 85 百分位 ≦ BMI < 第 95 百分位
肥胖 (Obesity)	BMI ≧ 第 95 百分位
嚴重肥胖 (severe obesity)	BMI ≧ 第 95 百分位 ×1.2 或 BMI ≧ 35kg/m2

動動
頭腦

一起來幫皮卡丘計算身體質量指數 BMI 吧！
身高 40 公分，體重 6 公斤，BMI？

$$BMI = \frac{6}{0.4 \times 0.4} = 37.5 kg/m2$$

屬於「嚴重肥胖」的寶可夢！

邱巧凡醫生黏土作品

年齡	過輕	正常	過重	肥胖
歲	BMI <	BMI 介於	BMI ≥	BMI ≥
0	11.5	11.5–14.7	14.7	15.5
0.5	14.6	14.6–18.6	18.6	19.6
1	14.2	14.2–17.9	17.9	19.0
1.5	13.7	13.7–17.2	17.2	18.2
2	13.7	13.7–17.2	17.2	18.1
2.5	13.6	13.6–17.0	17.0	17.9
3	13.5	13.5–16.9	16.9	17.8
3.5	13.3	13.3–16.8	16.8	17.8
4	13.2	13.2–16.8	16.8	17.9
4.5	13.1	13.1–16.9	16.9	18.0
5	13.1	13.1–17.0	17.0	18.1
5.5	13.1	13.1–17.0	17.0	18.3
6	13.1	13.1–17.2	17.2	18.8
6.5	13.2	13.2–17.5	17.5	19.2
7	13.4	13.4–17.7	17.7	19.6
7.5	13.7	13.7–18.0	18.0	20.3
8	13.8	13.8–18.4	18.4	20.7
8.5	13.9	13.9–18.8	18.8	21.0

臺灣女孩 BMI 對照表

出處：衛福部國民健康署兒童肥胖防治實證指引

年齡	過輕	正常	過重	肥胖
歲	BMI <	BMI 介於	BMI ≥	BMI ≥
9	14.0	14.0–19.1	19.1	21.3
9.5	14.1	14.1–19.3	19.3	21.6
10	14.3	14.3–19.7	19.7	22.0
10.5	14.4	14.4–20.1	20.1	22.3
11	14.7	14.7–20.5	20.5	22.7
11.5	14.9	14.9–20.9	20.9	23.1
12	15.2	15.2–21.3	21.3	23.5
12.5	15.4	15.4–21.6	21.6	23.9
13	15.7	15.7–21.9	21.9	24.3
13.5	16.0	16.0–22.2	22.2	24.6
14	16.3	16.3–22.5	22.5	24.9
14.5	16.5	16.5–22.7	22.7	25.1
15	16.7	16.7–22.7	22.7	25.2
15.5	16.9	16.9–22.7	22.7	25.3
16	17.1	17.1–22.7	22.7	25.3
16.5	17.2	17.2–22.7	22.7	25.3
17	17.3	17.3–22.7	22.7	25.3
17.5	17.3	17.3–22.7	22.7	25.3

臺灣女孩 BMI 對照表

出處：衛福部國民健康署兒童肥胖防治實證指引

身體質量指數BMI也有生長曲線圖，若BMI數值屬於過輕、過重、肥胖，家長應持續留意，並考慮就醫評估是否有相關疾病。

臺灣女孩生長曲線圖

參考自臺灣兒科醫學會網站

兒童的成長是「動態」的過程
──談生長指標持續監測的重要性！

相信有帶孩子就診兒童內分泌科或成長門診的爸爸媽媽們對一句話一定不陌生，那就是「再追蹤」！

邱醫師:「媽媽,寶貝目前的身高體重都在正常的百分位喔!但還是要注意後續的成長速度,建議3到6個月追蹤成長發育的狀況喔!」

媽媽:「之前的醫生也都只有說再追蹤,什麼都沒有做,也都沒開藥耶……」

(六個月後)

孩子回診,經測量半年來只長高1公分,且出現多尿、夜尿、頭痛的症狀,經檢查孩子在追蹤過程中生病了,腦垂體長了腦瘤造成生長遲緩。

上述案例告訴我們,一次的生長指標正常,無法代表孩子絕對健康正常。**成長是動態的,「生長速度」絕對比「身高高矮」更能反映孩子的健康狀態。**

邱醫師在門診常告訴家長:「**可以長得矮,但絕對不能『長得慢』!**」而要知道成長速度的快慢,長時間追蹤觀察是絕對必要的條件。

女孩 0–18 歲成長速度曲線圖

青春期前女孩成長速度參考圖

一般而言，幼兒園至國小孩子青春期開始前，成長速度為「一年4到6公分」。因此，**學齡兒童若成長速度低於一年4公分，有可能孩子的健康亮起紅燈**，家長須特別留意，建議就診「兒童內分泌科」進一步做檢查。

我的女兒以後會長多高
── 如何計算「遺傳身高」？

大家一定也很好奇，就診兒童內分泌科門診，為什麼還要詢問爸爸、媽媽的身高，甚至是媽媽的初經年齡、爸爸的青春期年齡？

這是因為孩子的成長與發育，有很大的機會受到爸爸、媽媽的遺傳影響。因此醫師會從爸爸、媽媽青壯年時期的身高，計算孩子的「遺傳身高」做為參考。

- 女兒的遺傳身高 $= \dfrac{\text{爸爸身高(cm)} + \text{媽媽身高(cm)} - 11}{2}$

舉例來說，小芳的爸爸身高170公分，媽媽身高160公分，則小芳的遺傳身高為：

$(170 + 160 - 11) / 2 = 159.5$ 公分

各位爸爸、媽媽們，可以趕緊動手算算看寶貝女兒的遺傳身高是多少喔！

補充說明，遺傳身高的計算公式，國際上不同地域、國家略有不同，大致落在：

$$女兒的遺傳身高 = \frac{爸爸身高(cm) + 媽媽身高(cm) - (11\sim13)}{2}$$

「臺灣衛生福利部中央健康保險署－藥品給付規定2022/10/28版本」，使用的是「－11」的計算方式。

家有嬌小女

影響孩子身高表現的因素歸類為五大支柱，分別為：
遺傳、健康、營養、睡眠及運動。

孩子的最終身高是每個階段的生長加總堆疊起來的結
果。每個時期都是成長黃金期。

父母一定要及早對孩子進行生長記錄與掌握，發現成長異常，儘速就醫揪出問題。

發揮生長潛力，先從生活習慣的建立做起，包含營養均衡攝取、睡眠充足、規律運動等好習慣。

從第一章的介紹，相信爸爸媽媽們對於如何測量、記錄寶貝女兒的生長指標已有了初步的認識與了解。當孩子經過客觀的評估方法確實屬於「**身材矮小**」，或者雖然**身高百分位正常但伴隨「生長速度緩慢**」，此時家長應提高警覺，帶孩子就診「兒童內分泌科」，由專業的醫師進一步仔細為孩子做檢查。

長得矮
（身高小於第 3 百分位）

長得慢
（身高百分位曲線下掉兩大曲線）

究竟多矮才是矮呢？矮小的定義

人群中每個個體的身形大小，呈現「鐘形分布」。大多數的個體體型落在鐘形的中間範圍，兩端過矮與過高的範圍所佔的比例是少的。兩側極端過高、過矮的族群須進一步了解是否有致病因素存在。

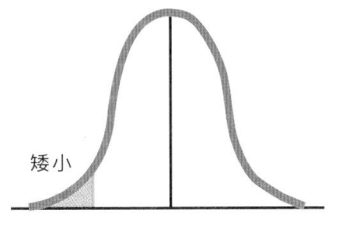

人類身高分布圖（呈鐘形分布）

因此，國際上對於矮小的定義為身高低於身高曲線圖之「−2個標準差」或低於「第3百分位」。為了方便家長簡易判斷，邱醫師附上臺灣女孩各年齡層第3百分位的身高數值供大家參考，若低於第3百分位之身高數值，建議就診「兒童內分泌科」。

學齡前女孩		國小女孩		國中女孩	
年齡	身高	年級	身高	年級	身高
2歲	低於80公分	一年級	低於107公分	七年級	低於138公分
3歲	低於88公分	二年級	低於110公分	八年級	低於144公分
4歲	低於95公分	三年級	低於116公分	九年級	低於146公分
5歲	低於100公分	四年級	低於120公分		
		五年級	低於125公分		
		六年級	低於130公分		

臺灣女孩身高第 3 百分位對照表

爲什麼會矮小？

我們肉眼上看到一個孩子身高的成長其實是由許多細胞、組織參與生長與發育過程的結果。包含「軀幹骨」與「四肢骨」的骨骼生長，其他組織與器官通常也會按比例地長大。而骨頭的生長過程，主要由長骨兩端「生長板」的軟骨細胞不斷地增生、分化成硬骨細胞，造成骨骼增長的結果。因此，導致矮小的原因是「多因素」的。**所有可能參與骨骼生長板軟骨細胞增生、分化過程的因素都會直接或間接地影響生長。**

骨骼增長示意圖

邱醫師把影響孩子身高表現的因素歸類為五大支柱，分別為：**遺傳、健康、營養、睡眠及運動**。另外針對個別疾病因素分類整理如下：

遺傳因素	周產期因素	內分泌疾病
● 家族性矮小 ● 體質性生長遲緩	● 懷孕時母胎健康狀態 ● 生產過程是否順利 ● 早產 ● 低出生體重兒 ● 胎兒小於妊娠年齡 ● 子宮內生長遲緩	● 甲狀腺功能低下 ● 生長激素缺乏 ● 庫欣氏症候群 ● 性早熟 ● 性晚熟 ● 糖尿病 ● 偽性副甲狀腺功能低下 ● 佝僂症

慢性系統疾病	染色體異常	特殊症候群
● 過敏性疾病 （氣喘、異位性皮膚炎、過敏性鼻炎） ● 慢性腎病 （腎小管酸血症、腎病症候群、慢性腎衰竭） ● 先天性心臟病、慢性肺病、慢性肝病 ● 發炎性腸胃道疾病 ● 自體免疫疾病、免疫缺損疾病 ● 兒童血液疾病與兒童癌症	● 透納氏症 ● 唐氏症 ● Trisomy 13 ● Trisomy 18	● 小胖威利症候群 ● 努南氏症候群 ● SHOX 基因缺陷症候群 ● 羅素－西佛氏症候群 ● 范可尼氏症候群 ● 魯賓斯坦－泰畢氏症候群 ● 骨骼發育不良

後天照顧疏忽與生活習慣問題	特殊治療
● 挑食、營養不良 ● 不當攝取甜食、含糖飲料、加工食品 ● 熬夜、睡眠障礙 ● 缺乏運動 ● 照顧疏忽 ● 兒童虐待	● 類固醇 ● 放射治療

以下將針對幾個重點項目做個別介紹：

家族性矮小

孩子的身高未來能長到多高？「近七成」取決於父母的遺傳條件。正因為如此，在生長門診，醫師都會詢問爸爸、媽媽的身高來做為判斷孩子身高是否正常的依據。**若爸爸、媽媽任何一方身高在成人族群屬於低於第3百分位的條件，孩子在成長過程也依循類似曲線成長，經檢查也沒有任何疾病，雖然矮小，但生長速度正常，就歸類為「家族性矮小」。**

那麼成人身高第3百分位是幾公分呢？以下是「臺灣成人身高百分位參考值」，提供各位爸爸、媽媽們參考：

	男生身高（cm）	女生身高（cm）
第3百分位	162	150
第15百分位	166	154
第25百分位	168	156
第50百分位	172	159.5
第75百分位	175	163
第85百分位	177.3	165
第97百分位	182	169

臺灣成人身高百分位對照表

爸媽矮，孩子就註定矮嗎？
只要留意成長關鍵，還是可以高人一等！

然而，父母矮，孩子就註定矮人一截嗎？實際上，就有不少爸爸、媽媽身高不高，但擁有高個頭的孩子；也有不少高挑的父母，孩子卻總是落在 3% 俱樂部。其實「遺傳」只是影響孩子成長的重要因素之一，若能留意孩子的成長過程，給予適當的關注與協助，孩子突破先天的遺傳限制絕對不是夢想！

臨床
實境

門診常見爸爸媽媽們的疑問：

「我和先生都不高，我的孩子是不是就註定長不高？」

「我和太太明明很高，為什麼我的孩子會這麼矮？」

「遺傳是能夠克服的嗎？我們該怎麼做才能讓孩子順利長高呢？」

孩子的最終身高是每個成長階段逐步累積的成果

「儘管遺傳佔了孩子身高七成的影響力，遺傳決定的是孩子的成長潛力，而潛力能不能充分發揮，與成長過程中孩子的生理、心理是否健康？營養攝取是否充足適當、睡眠時間與品質是否正確充足、是否養成規律運動的好習慣等等因素息息相關。」「爸爸媽媽矮，孩子未必就註定矮人一截，兒童的生長，後天因素佔30%的影響力，聽起來雖然不多，但這30%的後天影響力，卻足以讓孩子最終身高差距將近15公分！」

坊間常聚焦於要把握孩子的黃金成長期，才能讓孩子順利抽高。邱醫師認為，「兒童的成長過程其實相當漫長，從受精卵形成到長大成人的過程，會經歷好幾個階段，分別是受精卵形成到出生前的胎兒時期、呱呱墜地到一足歲的嬰兒時期、一歲到學齡前的幼兒時期、學齡至出現第二性徵前的兒童時期及開始出現第二性徵後的青春期。**每一個階段孩子的成長，都會貢獻在未來的成人身高，換句話說，孩子的最終身高是每個階段的生長加總堆疊起來的結果。**」

一般民眾多會誤以為在孩子的成長階段裡，青春期最重要？

其實不然！「以身高貢獻度來說，胎兒時期就佔了30%，出生到一足歲佔15%，至於最漫長的兒童時期，長達8至10年，這整個階段所長的身高在未來成人身高中足足佔了40%的之多，而多數人認為最重要的青春期，其實只佔了15%。」

「**每個時期都是成長黃金期！**身高是一點一滴累積下來的結果，千萬別輕忽孩子在每一個階段的成長，對於成長的關注與努力要從小奠定基礎，而不是到了最後衝刺的青春期才發現孩子早已遠遠落後，後續身高追趕不及，留下成人身高不理想的終生遺憾！」

及早發現成長異常 儘速就醫揪出問題

孩子的成長過程，每個階段都一樣重要！爸爸、媽媽如何在孩子成長過程及早發現孩子的生長異常，並及時就醫，是兒童內分泌科醫師一直在努力宣導的重點！「生長曲線百分位、生長速率與青春期開始的時間是家長關注孩子生長是否正常的三大重點！」

● 生長曲線百分位

若孩子身高或體重小於第 3 百分位，請務必帶孩子就診兒童內分泌科，評估矮小的原因，特別是會導致矮小的疾病，應及早診斷、及早治療！

● 生長速率

「孩子的生長不應該有空窗期！」「生長速率慢下來，是疾病警訊，當孩子一年長不到 4 公分，也請務必就醫！」

● 青春期開始的時間

現在性早熟的孩子越來越多，家長們一定要留意孩子第二性徵出現的時間，女孩如果 8 歲以前就出現胸部發育、陰毛生長等第二性徵，10 歲前初經來潮，就屬於「性早熟」。反之若女孩超過 13 歲仍未出現任何第二性徵，則屬於「性晚熟」。性早熟與性晚熟對兒童的生長也都有相當大的影響，有以上情形，請務必帶孩子就診兒童內分泌科，以及時正確診斷，把握黃金治療期。

● 與手足的身高差

不少父母對於如何判斷孩子的生長是否正常感到困惑，邱

醫師建議除了前述三個重點之外，觀察孩子與親兄弟姊妹間的身高差距也是一個方法，不管是身高被弟妹追上或超越，「建議手足都一起帶往就診給醫師評估，因為相同父母的手足身高通常不會有太大落差。」

從生活習慣落實與建立，
為孩子做好身高管理有助發揮後天成長潛力

及早對孩子進行生長記錄與掌握，有機會突破先天遺傳限制，讓孩子青出於藍更勝於藍。首先應從生活習慣的建立做起，包含營養均衡攝取、睡眠充足、規律運動等好習慣，應從小養成。「睡前一個小時盡量不要進食會讓血糖顯著上升的食物，同時也要避免食用含糖飲料與精緻澱粉，水果也不宜過量攝取，因為血糖上升是會抑制生長激素分泌的。」

孩子的身高可說是「七分天註定，三分靠打拚」，遺傳不是百分百，掌握成長關鍵，腳踏實地堅持下去，還是有機會逆轉勝，讓孩子高人一等！

小玲自幼在同齡都是嬌小的，明明爸爸、媽媽的身高都不差。爸媽帶著到處就診，醫師檢查都說「健康正常」，只有「骨齡落後」，「再追蹤」就好。

到了國小六年級，眼看同學們各個都突飛猛進，甚至達到成人身高，小玲幾乎成了全班最嬌小的孩子了！媽媽越看越著急！

一年後，小玲開始出現第二性徵，身高也漸入佳境，逐漸超越同學，國三時小玲已成為全班第二高的女孩子。

體質性生長遲緩

另外有一類孩子也是生長門診常見的族群，那就是「體質性生長遲緩」，俗稱「大器晚成 (late bloomers)」或閩南話的「大隻雞晚啼」。

相信上面的案例，許多家長看了都感到「於我心有戚戚焉」。在最後孩子長到理想成人身高，家長鬆了一口氣，感到恍然大悟、發出會心一笑前，想必都經歷過十幾年來煎熬、恐慌、忐忑不安的心路歷程。

「體質性生長遲緩」的特點，包含：

- 青春期開始的時間較其他孩子晚
- 骨齡落後於生理年齡
- 生長速度正常
- 有晚熟的家族史

由於進入青春期的時間較晚，因此在同學陸續進入青春期的國小高年級與國中階段，體質性生長遲緩的孩子仍然以青春期前的正常速度「相對緩慢地成長」，此時會跟青春期的同學間身高差距漸行漸遠。也因為骨齡是落後（年輕）的，往往有比其他孩子更多的時間可以成長，青春期開始後一樣能達到青春期的成長速度，最終仍然可以長到合理的遺傳身高條件。

體質性生長遲緩生長曲線圖

生長激素缺乏症

生長激素是參與骨骼生長最重要的一個荷爾蒙，由腦垂體前葉所分泌，在下視丘的調控下，呈現「脈衝式分泌」，尤其在夜間睡眠熟睡期（慢波期），達到分泌的高峰期。而此時期的生長激素分泌量足足佔了一整天分泌量的七成之多！這就是為什麼在生長門診醫師總是耳提面命「早睡」的重要性所在。閩南話「一眠大一吋」，正是因為老祖宗觀察到**「睡得早、睡得飽、睡得好」的孩子總是長得特別好**，進而衍生出來，千古流傳的一句諺語。

一旦生長激素分泌不足，孩子的身高便會長得又「矮」又「慢」。生長激素缺乏的小朋友，除了身材「明顯矮小」之外，有時還會合併其他症狀與特徵，例如在嬰兒時期會合併低血糖、延遲性黃疸、餵食困難。男嬰可能出現陰莖短小、隱睪症或尿道下裂等外生殖器異常。在**外觀上可能出現前額凸出、顴骨發育不良、鼻梁塌陷以及幼稚的臉龐等特徵。**

骨齡的檢查可發現生長激素缺乏症的孩子，骨齡常比生理年齡落後至少1.5年以上。抽血檢驗可發現，血中「類胰島素生長因子IGF-1（Insulin-like growth factor -1）」與

健康女孩

生長激素缺乏症

骨齡落後

IGF-1 ↓　IGFBP-3 ↓

同齡女孩

生長激素缺乏症特徵

「血清類胰島素生長結合蛋白-3(IGFBP-3，Insulin-like growth factor-binding protein 3)」的數值偏低。

進一步執行「生長激素刺激測驗」，亦發現即使給予明顯可刺激生長激素分泌之藥物，生長激素缺乏症的孩子血中生長激素濃度仍然無動於衷。

在確定診斷「生長激素缺乏症」之後，接下來醫師會安排「腦部核磁共振檢查」，進一步釐清製造生長激素的腦垂體與附近結構是否有異常。

治療方式是**生長激素補充治療**，生長激素的給藥途徑是皮下注射，目前常規使用為**每日睡前注射一次**。每週注射一次的長效生長激素目前已有多家藥廠研發並在臨床試驗中，美國FDA已核准部分產品使用，未來將在臺灣上市使用。

甲狀腺功能低下

甲狀腺是位在頸部中間正前方，甲狀軟骨下方的一個蝴蝶樣內分泌腺體，在下視丘與腦垂體的調控下製造並分泌甲狀腺素。甲狀腺素的功能為參與全身的新陳代謝，當甲狀腺素不足，全身代謝將出現異常。

在新生兒可能出現嗜睡、食慾差、延遲性黃疸、囟門閉合延遲、生長遲緩、便祕、浮腫、低體溫、心跳慢、低血壓、皮膚乾冷，並因肌肉張力低而呈現大舌頭與臍疝氣。由於新生兒篩檢的普及，現在大多數的先天性甲狀腺功能低下都能被及時診斷、及時治療。早年未能及時治療的個案，長大將成為「呆小症」，除了矮小之外還會伴隨智能障礙。

兒童時期出現甲狀腺功能低下，會表現為精神活動力差、嗜睡、生長遲緩、黃疸、水腫、便祕、體重增加。青少女甲狀腺功能低下還會導致月經不規則。

若孩子生長速度緩慢合併上述症狀，就醫時請務必告知醫師，醫師將安排甲狀腺功能低下之相關檢查，包含抽血檢測甲狀腺刺激素與甲狀腺素的血中濃度，若懷疑自體免疫疾病，還會檢測甲狀腺抗體。治療方式為**甲狀腺素補充療法**，若能及早發現及早治療，孩子一樣可以聰明、健康成長茁壯。

兒童時期甲狀腺功能低下之症狀

透納氏症候群

透納氏症候群是一種X染色體缺失的疾病，全世界發生率約1/2,500，是女性最常發生的性染色體異常疾病。根據缺失的嚴重程度不等，表現出來的症狀每位患者不盡相同。95%以上都會有矮小的問題。**若未即時接受生長激素治療，成人身高很難超過145公分！**

 臨床實境

10歲女童小晴，一直以來身高都是全班最矮的一個，每年長高速度也相當緩慢。除了較常感冒併發中耳炎外並無其他異樣，因此爸媽也不以為意。直到收到學校健康檢查通知單，因身高不達標建議就診兒童內分泌科，經醫師檢查診斷為「透納氏症」，並開始接受生長激素治療，身高才逐漸進步。

18歲青少女阿芳，從小身高在同齡孩子幾乎都是最嬌小的，長高速度也很慢。小學一年級時曾因收到「學校身高不足轉介單」而就醫，醫師說阿芳很健康，再觀察後續成長狀況就好。爸爸媽媽想說女孩子嬌小倒也還好，後續即便個子還是持續矮小，便沒特別注意及持續就醫追蹤。直到阿芳上了高中，媽媽才發現不對勁，怎麼阿芳都還沒有明顯的第二性徵，初經也遲遲沒有報到呢？這才帶去婦產科檢查，超音波發現子宮、卵巢都沒什麼發育跡象，進一步做「染色體檢查」，診斷為「透納氏症」。但因為阿芳的生長板已幾近閉合，很可惜無法再透過生長激素治療來改善其身高，最終阿芳成人身高只長到142公分。

「身材矮小」是幾乎所有透納氏症女孩都具備的特徵。其他可能伴隨的表現尚有：出生時手足背淋巴水腫、心臟畸形（主動脈瓣畸形、主動脈擴張、主動脈瘤）、腎臟畸形（馬蹄腎）、反覆中耳炎、聽力障礙、骨骼畸形（手肘外翻、膝外翻、脊柱側彎、手腕刀叉樣畸形、第四掌（趾）骨短、蹼狀頸、乳頭間距寬、後髮線較低、性晚熟、原發性無月經、不孕等。然而，有一部分透納氏症候群的女孩外觀皆正常，只有身高矮小及較晚青春期，因此不易被察覺。

矮小、蹼狀頸
乳頭間距寬、手肘外翻

後髮線低

X 染色體部分或全部缺乏

第四掌（趾）骨短

原發性無月經、不孕

透納氏症候群示意圖

部分透納氏症候群的孩子，在媽媽懷孕時接受羊膜穿刺檢查或絨毛膜穿刺檢查時即診斷出來。一部分孩子直到長大過程出現生長遲緩才就醫診斷出來。也有孩子到長大成人如前述臨床實例第二個案例阿芳，因為原發性或次發性無月經，甚至不孕就診婦產科，做了染色體檢查才確定診斷。但很可惜，一旦生長板閉合，身高幾乎大局底定，便無法再透過生長激素治療來改善身高預後。

透納氏症候群是少數在臺灣健保給付生長激素治療的疾病項目，給付內容如下：

透納氏症候群病人使用生長激素治療的原則

1. 診斷：X染色體部分或全部缺乏的女童。
2. 無嚴重心臟血管、腎臟衰竭等危及生命或重度脊椎彎曲。

3. 開始治療條件：
   - 6歲以上。
   - 身高低於第3百分位且生長速率一年小於4公分，需於具有資格申請生長激素治療的醫療機構執行身高檢查，每隔三個月一次，至少六個月以上之紀錄。
   - 骨齡14歲以下。

4. 繼續治療條件（每年評估一次）：
   - 骨齡14歲以下。
   - 第一年生長速率比治療前增加至少2公分／年。
   - 第二年開始，生長速率至少4公分／年。

「全民健康保險藥物給付項目及支付標準」（2022.10.28 更新）

根據 2017 年歐洲內分泌學會雜誌上，透納氏症候群跨國跨領域專家共識會議的內容中指出：在青春期階段，由於卵巢功能不全，高達 2/3 無法順利出現第二性徵（如乳房發育、陰毛發育），只有 6% 的透納氏症患者能有正常規律的生理週期。大部分患者都需要接受**女性荷爾蒙補充療法**，始能維持女性第二性徵、規律月經週期並維持骨質密度避免骨質疏鬆。也因為卵巢功能不全，順利自然懷孕的機率僅有 4.8–7.6%。若屬於 45,X/46,XY 鑲嵌型患者，尚須留意可能罹患性腺胚細胞腫瘤！

若女孩身高低於第 3 百分位，身高速率小於一年 4 公分，且合併上述透納氏症相關表現，應就診兒童內分泌科，及早診斷，以把握治療黃金時期。

胎兒小於妊娠年齡

胎兒小於妊娠年齡(Small for gestational age, SGA)泛指新生兒的出生體重或身長低於該週數新生兒之「−2 個標準差值」。

例如：懷孕妊娠週數 39 週出生的新生兒，出生體重只有 1200 克。

造成「胎兒小於妊娠年齡」可能的原因包含懷孕時母體的營養不良、胎盤血流供應不良、遺傳及表觀基因影響等。常常在孕期產檢過程便會發現有子宮內胎兒生長遲滯（intrauterine growth retardation）的現象。

大部分（85-90%）「胎兒小於妊娠年齡」的寶寶可在 2 歲前達到自發性的追趕性生長（catch-up growth），身高逐漸追上其他同齡孩子。在一些出生週數相對較早產的「胎兒小於妊娠年齡」寶寶（妊娠週數小於 29 週），直到 2～4 歲才達到追趕性生長。

然而，少部分（10-15%）「胎兒小於妊娠年齡」的寶寶就沒有這麼幸運。他們無法自發性達成追趕性生長，而持續的身材矮小。除了矮小之外，還因為代謝功能異常，在幼年即發生體重快速增加，成為肥胖兒童。進而因內臟脂肪增加，併發高膽固醇血症、第二型糖尿病甚至在青壯年時期即發生心血管疾病。另外，這些孩子也是性早熟、骨齡快速進展的相對高危險群。

這些無法在四歲前自發性達成追趕性生長的「胎兒小於妊娠年齡」寶寶，常常存在「生長激素–類胰島素生長因子

(IGF−1)軸」功能異常，有一部分存在生長激素分泌不足，也有一部分表現為生長激素阻抗，兩者皆會導致生長遲滯。

當孩子發生上述狀況，應先就診兒童內分泌科，由醫師透過專業檢查，評估這些孩子生長遲滯背後存在的病理因素，方能對症下藥。

生長激素治療經證實，對於無法發生自發性達成追趕性生長的「胎兒小於妊娠年齡」兒童確實可以改善其身高預後，因此在歐洲與美國是被核准使用的。

生長激素使用適應症：「胎兒小於妊娠年齡」且無法達到追趕性生長			
國家	核准機構	開始核准年度	適用年齡
美國	食品藥物管理局 FDA	2001年	2歲
歐盟	歐洲藥物檢驗局 EMA	2003年	4歲

佝僂症

佝僂症（Rickets）是一個發生在兒童、青少年生長板尚未閉合前，骨骼基質礦物質化不良而導致骨骼軟化、關節變寬的疾病。

致病原因為骨骼基質礦物質化所需之營養素鈣、磷、維他命D的缺乏。而這些營養素缺乏的原因包含源頭攝取不足造成的「營養性佝僂症」，有基因變異導致腎小管磷流失的「遺傳性低磷性佝僂症」，也有其他疾病所致之「次發性佝僂症」（如肝臟疾病、腎臟疾病、藥物、腫瘤等）。

當骨骼基質礦物質化功能不良時，孩子會出現以下症狀：

- 頭顱骨異常：前額突出、囟門延遲閉合、顱骨軟化
- 肋骨異常：串珠樣肋骨
- 四肢骨骼異常：關節腫大、O型腿、X型腿等
- 身材矮小
- 牙齒發育不良
- 慢性骨骼疼痛

除了骨骼病變之外，一歲前嚴重低血鈣的孩子甚至會以痙攣、抽搐來表現。

當醫師觀察到孩子有以上表現時，會幫孩子安排血液檢驗，評估血中鈣、磷、維他命 D 濃度以及相關的生化指數，如肝功能、腎功能、副甲狀腺素、血清鹼性磷酸酶等。另外也會安排骨骼的 X 光檢查，看是否有生長板病變。

治療方法為針對所缺乏的骨骼礦物質化營養元素來做適當的補充。

顱骨異常：前額突出
O 型腿、X 型腿等

囟門延遲閉合、顱骨軟化

肋骨異常：串珠樣肋骨

關節腫大

佝僂症症狀示意圖

營養與熱量是孩子成長的必要條件，就好像引擎車要加油、電動車要充電才跑得動一樣。當孩子本身消耗的熱量需求增加或是攝入之熱量不足，造成整體熱量平衡呈現「入不敷出」的狀況，便會間接影響兒童的生長。所以，幾乎所有嚴重慢性系統性疾病都會影響兒童的生長。

舉凡嚴重的心臟疾病、慢性腎病、慢性肝病、氣喘、慢性肺病、發炎性腸道疾病、風濕免疫疾病、血液腫瘤疾病等都會造成孩子生長遲緩。

因此，醫師在面對矮小的孩子，往往需要多系統的評估，抽絲剝繭才能揪出導致矮小的真正兇手，對症治療。

心理社會性身材矮小 (psychosocial short stature)

還有一群孩子長不高的原因是來自心理剝奪 (psychologic deprivation)。常見於父母離異、家庭成員複雜、家庭暴力、兒童虐待或照顧疏忽的孩子。

孩子在該壓力環境下除了生長遲緩之外，還可能表現出多

食多飲、囤積和偷竊食物、狼吞虎嚥、嘔吐、情緒低落、社交孤僻、性晚熟等行為及症狀。

檢查可發現這些兒童會暫時出現內分泌功能障礙，包括生長激素減少和對外源性生長激素的反應不敏感。若將兒童帶離此不利的壓力環境後，其內分泌功能往往能快速改善並伴隨後續的快速生長及青春期發育。

心理社會性身材矮小的兒童，預後取決於診斷時的年齡和心理創傷的程度。早期診斷並帶離該問題環境者有較好的生長與生、心理健康預後。相反地，在年齡較大或青春期才被診斷出來的孩子往往無法達到其遺傳身高潛力，後續的心理健康與社交行為能力也常常有較差的預後。

不良生活習慣

其實有很大一部分的孩子，矮小的原因並非遺傳條件不好，經過一段時間的觀察與檢查發現孩子也沒有生病。但仔細了解其生活型態，發現孩子往往存在許多不利於生長的生活習慣，常見如熬夜、挑食、愛吃甜食、垃圾食物、含糖飲料、缺乏運動等。

許多家長、孩子在了解這些問題對生長影響的重要性後，努力做了調整後，往往可以明顯察覺到生長速度的大幅改善。成人身高是從小到大，每一個階段成長累積下來的總和，孩子長不高，除了應及時就醫之外，別忘了審視孩子的生活型態是否健康，越小開始培養健康的生活習慣，對身高的投資報酬率越高唷！

看醫生前我可以先做好哪些準備呢？

若女孩因為矮小問題需要就醫，爸爸媽媽們可以事先做好哪些準備呢？

- 兒童健康手冊：可讓醫師了解孩子的出生狀況是否正常（寶寶是否有早產、低出生體重，生產過程是否有異常狀況等重要資訊）。

每位在臺灣出生的新生兒，從出生醫院出院時都會拿到一本《兒童健康手冊》。裡頭記錄：❶寶寶出生時的資料，包含懷孕週數、預產期、出生體重、身長、頭圍、生產方式，以及出生時的 Apgar 分數；❷每次預防接種時的生長紀錄與 7 歲前的生長曲線圖紀錄。

- 入學後每學期的身高、體重紀錄，可讓醫師了解孩子長時間的生長速度與生長趨勢。此資料，可由以下管道取得：

(1) 向學校「健康中心」校護告知要就診生長門診，列印「健康紀錄卡」。

學生健康檢查紀錄卡

國民小學：校名 ＿＿＿＿＿＿＿＿＿　　　　　　　　學號：＿＿＿＿＿＿＿＿＿

學生基本資料	入學日期	年　月		轉入日期	年　月　日		姓名		
	出生日期	年　月　日	血型		性別		身份證字號		
	地址								
	緊急聯絡人	關係		姓名		電話(公)	電話(私)	行動電話	

生長發育	年級項目	一		二		三		四		五		六	
		上	下	上	下	上	下	上	下	上	下	上	下
	身高(公分)												
	身高評價												
	體重(公斤)												
	體位評價												

(2) 部分學校有學童專屬的「健康護照」，也有此紀錄內容。

(3)「教育部體育署體適能網站」內有「網路健康體育護照」，登入後點選「成長軌跡」，可看到學校的身高體重測量紀錄軌跡。

（4）部分縣市政府教育局的app可以查詢孩子每學期的成長
紀錄，如新北市政府的「新北校園通」app，當中「寶貝i健
康」選單，可讓醫師了解孩子長時間的生長速度與生長趨勢。

- 爸爸、媽媽、兄弟姊妹的身高、體重、發育的時間（媽媽、姊妹初經年齡等），可讓醫師了解孩子的生長發育遺傳趨勢。

- 孩子成長過程是否有過慢性疾病、住院、手術等過去病史，是否做過特殊治療（如化學治療、放射治療）？目前是否有在服用任何的藥物（包含中藥、西藥）以及保健食品等，可讓醫師了解孩子本身是否存在會影響生長的相關疾病與藥物。

- 媽媽在懷孕時是否曾做過羊膜穿刺檢查、絨毛取樣術、非侵入性胎兒染色體基因檢測（Non-Invasive Prenatal Screening, NIPS）？結果是否有異常，可讓醫師了解孩子是否有特定染色體或基因異常疾病。

- 孩子目前是否有任何不適症狀？如頭痛、腹痛、嘔吐、食慾不振、癲癇、體重減輕、多喝、多尿等，可讓醫師鑑別影響孩子生長的可能疾病。

- 孩子平時生活作息是否正常規律？睡眠時間（幾點入睡？幾點起床？睡眠品質如何？）、飲食型態（外食、自己烹調、挑食、食慾不振、暴飲暴食、是否喜歡食用高

熱量食物、精緻澱粉、垃圾食物、含糖飲料等）、是否有規律運動的習慣、每日3C產品使用時間？可讓醫師了解可能影響孩子生長的生活習慣因素。

- 孩子的主要照顧者、家庭成員相處狀況。主要照顧者，如父母、祖父母、保母、托育中心、其他人員等；家庭成員相處狀況：父母是否分居、離異？同居成員？可讓醫師了解可能影響孩子生長的家庭環境、照護因素。

- 向孩子說明需要就醫的原因及可能接受哪些檢查。讓孩子先有心理準備，避免孩子因不了解而造成的擔憂與害怕。

- 若曾就診生長門診，接受過相關評估、檢查與治療，請務必讓醫師知情，讓醫師更快掌握孩子的狀況，避免重複安排相關檢查或因不知情孩子已在接受相關治療而影響判斷結果。

醫生可能安排哪些檢查呢？

由於造成兒童身材矮小的因素相當廣泛，當醫師在面對一個因矮小求診的孩子，會考慮的因素相當多，也會根據每個孩子的不同情況而可能安排不盡相同的檢查項目。

除了完整的病史詢問、生長指標評估、了解生長趨勢之外，醫師會對孩子進行「身體理學檢查」。中、西醫師在身體理學檢查會執行的內容包含：

臉部
是否有五官異常、面色異常、牙齒發育異常

頸部
是否有甲狀腺腫、淋巴結腫、蹼狀頸

胸部
是否有雞胸、漏斗胸、乳頭間距寬、水牛肩、心雜音、呼吸音異常、肋骨串珠突起、乳房發育

腹部
是否有腹部腫塊、局部壓痛、肥胖紋、聽診腸蠕動與特殊血流音

陰部
是否有生殖器異常、外陰部黴菌感染、外生殖器青春期發育成熟度

頭部
是否囟門過早過晚閉合、頭圍大小、顱骨軟化

脊椎
是否有駝背、側彎

四肢
是否有關節變形、骨折、手指腳趾畸形、肘外翻、O型腿、X型腿、長短腳

皮膚
是否有出血點、瘀青、特殊色素沉積、斑點

矮小女孩西醫理學檢查重點

除了前述西醫理學檢查重點，中醫辯證尚著重以下項目：

望神
望面色
查二便

審舌、苔

切脈按診

望指紋

中醫小兒四診重點

骨齡檢查

「骨齡（Bone age）」即「骨骼的年齡」，是一種由左手手掌與手腕的骨骼影像，推測全身骨骼成熟度的一種方法。骨齡的檢查方法為：將左手手掌平放在檢查台，照射低輻射劑量Ｘ光，取得清晰的手掌、手腕與遠端尺骨、橈骨影像，再由兒童內分泌科醫師做專業判讀。

骨齡檢查示意圖

實驗室檢查（血液、尿液）

醫師會針對病史、身體理學檢查、骨齡等結果，做初步的鑑別診斷，判斷可能的疾病診斷方向，再針對可能的疾病診斷進行實驗室檢查做進一步佐證，包含血液檢驗：視情況檢測甲狀腺功能、生長因子、血糖、電解質、血液酸鹼值、血球檢驗、肝腎功能、特定營養元素、染色體檢查、特定基因檢查等。

另外還有尿液檢驗：檢測尿液比重、尿糖、尿蛋白、尿潛血、酮體等項目。

影像檢查

部分孩子醫師懷疑特定疾病的矮小，可能還會進一步執行其他影像學檢查，如超音波檢查、核磁共振檢查等。

內分泌測驗

在懷疑特定內分泌疾病的孩子，如性早熟、性晚熟、生長激素缺乏症、糖尿病、腦垂體功能低下、庫欣氏症候群等，兒童內分泌科醫師還會安排相關內分泌刺激測驗做進一步診斷。

女兒胖胖的怎麼辦？

肥胖防治應從小做起，兩歲以上兒童，BMI 值若超過 95 百分位時，即為肥胖，應就醫檢查。

肥胖的併發症，遍及心血管、內分泌、肝膽腸胃、呼吸、皮膚、骨骼等系統，甚至影響心理，提高罹癌風險！

小時候胖就是胖！小時候胖，是未來長大後生病的詛咒！所以體重管理，應該從小做起！

健康的生活習慣、充足睡眠、均衡飲食、規律運動，才是奠定孩子「好體質」的一切根本！

小琳在5歲時接受國小入學前的預防接種時，醫師告知家長，小琳有過胖的問題，應該進一步就診兒童內分泌科做檢查。轉診到兒童內分泌科時，醫師經過完整檢查評估，發現小琳是因為長期過量攝取含糖飲料與垃圾食物，加上熬夜、缺乏運動、3C使用時間過長等不良生活習慣造成的肥胖，初診當下尚未出現肥胖併發症。邱醫師建議先從生活習慣改變做起，做好體重管理並定期回診追蹤小琳的後續控制狀況。

然而，後來因為小琳父母親工作忙碌、搬家等因素，小琳沒再定期回診，父母親也沒再特別留意孩子的體重變化，5年後一次嚴重的皮膚黴菌感染問題與頸部黑色素沉積就診皮膚科，皮膚科醫師提醒應注意糖尿病，再度被轉診回兒童內分泌科。

事隔5年，再度回診，邱醫師發現，5年來小琳足足增加了50公斤體重，小學四年級的小琳，身高145公分，體重卻高達85公斤，頸部明顯的黑色棘皮症，會陰部反覆的黴菌感染，且近日來頻頻喝水與小便，檢查發現糖化血色素竟高達12%，空腹血糖也高達350mg/dL，確診為第二型糖尿病。除此之外，小琳還合併高膽固醇血症、高尿酸血症、中度脂肪肝、肝功能異常、睡眠呼吸中止症候群，甚至小學三年級便初經來潮（性早熟）等諸多肥胖併發症。

類似小琳這樣「疏忽小時候胖」而導致「青少年胖到生病」的案例，近幾年有日益增加的趨勢。

世界衛生組織明確指出**「肥胖是一種慢性病」**，且**「肥胖為萬病淵藪」**。而**「兒童青少年時期的肥胖幾乎決定了未來體重增加的趨勢」**。

許多求診兒童內分泌科或成長門診的家長，往往最初就診原因是擔心孩子的身高、發育、骨齡超前等問題，就診後經醫師評估告知，才驚覺孩子有體重過重或肥胖的問題，且常常已經出現肥胖併發症。若不及時處理，這些小胖胖往往到青壯年時期便出現多重且嚴重的肥胖併發症，如代謝症候群、心血管疾病、甚至癌症，造成國家、社會、家庭沉重的負擔與壓力。因此邱醫師認為**肥胖防治應該從小做起，刻不容緩！**

究竟多胖才是胖呢？
兒童過重與肥胖的定義

肥胖泛指「體內脂肪過度累積」。兒童與青少年是否肥胖，不同年齡層，有不同的判斷依據。

國際上建議，兩歲以下的嬰幼兒，肥胖的判斷依據是世界衛生組織公布的「體重身高比（weight-for-height）」曲線圖，大於97.7百分位即符合肥胖診斷。但目前沒有臺灣專屬的嬰幼兒體重身高比標準值可供參考使用。

兩歲以上的兒童青少年，過重與肥胖的判斷會根據「身體質量指數（Body mass index, BMI）」的百分位（請參考本書第一章之臺灣BMI對照表）。當BMI值落在第85至95百分位之間定義為過重（overweight），當BMI值大於第95百分位時，診斷為肥胖（obesity）。

BMI 百分位

兒童青少年以 BMI 百分位做為體位是否正常之判斷依據

動手算算看寶貝女兒的BMI是否正常。

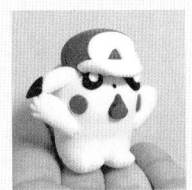
小芳今年7歲，身高 120 公分，體重29公斤。

小芳的身體質量指數BMI為：

29/1.2x1.2=20.14 (公斤 / 公尺^2)

臺灣女孩BMI對照表：7歲女孩BMI「20.14」落在「肥胖」。

小芳屬於肥胖女孩，應該就醫檢查。

爲什麼會肥胖？

導致肥胖的原因有許多面向，包含不良生活習慣、遺傳、基因變異、疾病與藥物等。

環境因素與不良生活習慣

現代的兒童與青少年，多數不可避免的生活在「致胖環境」(obesogenic environment) 中。隨著生活環境變得富裕、飲食西化、精緻化，速食、餐飲外送平台的普及化，民眾取得食物相對容易許多。撥通電話、滑滑手機，餐點便送

到自家門前。不像遠古時代的人類，常常需要親自外出狩獵、耕種、鑽木取火，再自行料理烹煮，才能飽食一餐。

生活便利化也大大減少民眾的活動量，大眾運輸、個人化交通工具的普及，3C產品、網路、媒體的使用時間大幅增加，造成靜態活動量遠遠大於動態活動量。

如此長期熱量輕鬆由口而入，但卻消耗不足的失衡狀態，終將造成熱量累積，日益肥胖的後果。

遺傳

臨床上常常可以觀察到，肥胖的兒童背後常常也有肥胖的父母或兄弟姊妹，這是不是代表肥胖是一個遺傳疾病呢？

肥胖是一個多基因因素（Polygenic factors）的疾病，因此遺傳因素確實佔了一部分的角色，表觀基因學（Epigenetic）的研究發現，環境因素可以影響基因的表現。因此，**遺傳因素＋後天環境因素＋不良生活習慣影響是目前公認肥胖最主要的原因。**

根據2022年7月刊登在《美國流行病學雜誌》（*American*

Journal of Epidemiology），一項有趣的研究，探討父母親肥胖與孩子肥胖之間的關聯性。從美國 3,284 位年輕世代的長期觀察研究發現，肥胖父母親的孩子平均在 6 歲開始出現過重的體格，而正常體格父母的孩子平均到 25 歲開始出現過重的現象。由此得知，肥胖家長的孩子比正常體格家長的孩子平均提前 19 年開始出現過重的問題。

其他致胖因子

其他導致肥胖的危險因子還包含：母親懷孕前體重過重、懷孕時體重增加過多、新生兒出生體重過重、母親懷孕時有妊娠糖尿病、母親懷孕時抽菸或接觸二手菸等。

部分研究也指出母乳哺餵可以減低兒童時期過重與肥胖的風險。

因此，**預防兒童肥胖應從優生計畫做起！** 包含避免本身抽菸或接觸二手菸、定期產檢、做好孕期體重管理與血糖管理，都可以預防下一代的肥胖與後續將衍生的健康疑慮。

懷孕期間體重增加幅度以整個孕期增加 10 至 14 公斤為宜，並依孕前體重做適當調整如下表：

單胞胎懷孕婦懷孕前的身體質量指數（BMI）	建議增重量（公斤）	第二期和第三期每週增加重量（公斤／週）
<18.5	12.5 ～ 18	0.5
18.5 ～ 24.9	11.5 ～ 16	0.5
25.0 ～ 29.9	7 ～ 11.5	0.3
>30.0	5 ～ 9	0.25

雙胞胎懷孕婦懷孕前的身體質量指數（BMI）	建議增重量（公斤）
18.5 ～ 24.9	16.8 ～ 24.5
25.0 ～ 29.9	14.1 ～ 22.7
>30.0	11.4 ～ 19.1

孕期體重增加指引

出處：衛生福利部國民健康署孕婦衛教手冊（112 年 4 月版）

基因變異

有極少數兒童肥胖是因為特殊基因變異或特殊症候群所導致。

肥胖症候群	肥胖基因變異
● 唐氏症 ● 小胖威力症後群 ● Bardet–Biedl 氏症候群	● *FTO* 基因變異 ● *MC4R* 基因缺陷 ● *Leptin* 基因缺陷或 *Leptin* 受器缺陷 ● *POMC* 基因變異 ● *GNAS* 基因變異

五歲以下的兒童肥胖或極度肥胖，或合併特殊症候群的表徵（如發展遲緩、智能障礙、聽力障礙、嬰幼兒時期低張力、嬰幼兒時期餵食困難等），建議就診大醫院兒童內分泌科或遺傳代謝科，醫師可能會安排相關的基因檢查。

疾病：內分泌疾病

大家普遍把肥胖跟「內分泌失調」聯想在一起，然而實際上內分泌疾病所導致的體重增加，其實只佔兒童與青少年肥胖諸多因素中的百分之一不到。

臨床實境

兒童內分泌科門診，常聽到如下對話。

「醫師，我的女兒這麼胖是不是內分泌失調造成？」

「醫師，我兒子明明都只有吃正餐，卻一直變胖，是不是代謝不好？」

會導致兒童與青少年肥胖的幾個內分泌疾病包含：

- 俗稱「類固醇過多」的「庫欣氏症候群」
- 甲狀腺功能低下
- 生長激素缺乏
- 偽性副甲狀腺功能低下1a型

特別的是，以上內分泌疾病除了肥胖，常常還合併生長遲緩。

疾病：下視丘型肥胖

下視丘位於大腦深部，腦垂體上方，雖然只有2～3公分大，但其中有很重要的體溫、飢餓感、飽足感、能量平衡的調節樞紐，因此一旦下視丘受傷生病，身體的食慾控制能力往往會「失調」，進而造成快速進展的嚴重肥胖後果，在治療上也是比較棘手的。

兒童的下視丘型肥胖常見於顱咽管瘤術後、腦瘤、頭部創傷、腦部放射治療後，因此當孩子有以上特殊疾病史或治

療史，又合併肥胖與快速的體重增加，也請務必提供相關資訊給臨床醫師參考。

藥物

某些特殊藥物副作用會造成體重增加，較常見於兒童與青少年族群的藥物包含：類固醇、希普利敏（抗組織胺）、某些抗癲癇藥、某些抗精神病藥、某些抗憂鬱藥、以及特定的糖尿病藥物。

但並非每一位病患使用上述藥物皆會造成體重增加與肥胖，請不要因此而抗拒上述藥物的治療使用。只是當使用過程有體重明顯增加的情形發生，請務必提供醫師以上用藥資訊（藥名、劑量、使用時間），做為藥物調整的參考依據。

肥胖是一種慢性病
──兒童肥胖對女孩健康的長期影響

肥胖是「萬病淵藪」！肥胖的併發症幾乎涵蓋全身每一個系統與器官。以下將針對各個系統條列說明。

心血管系統

兒童與青少年時期的肥胖會增加成人罹患心血管疾病的風險。包含動脈粥狀硬化、高血壓、心肌肥厚、心肌梗塞、腦中風等嚴重危及性命安全的併發症。

內分泌系統

兒童過重與肥胖影響內分泌系統甚鉅：

- 血糖調控失常：胰島素阻抗、第二型糖尿病。
- 血脂肪代謝失常：高膽固醇血症、高三酸甘油脂血症。
- 生殖內分泌系統：多囊性卵巢症候群（月經失調、無月經、不孕症、雄性化多毛、聲音低沉、青春痘）。
- 生長發育：肥胖女孩容易發生性早熟、骨齡超前與初經過早的現象。

肝膽腸胃系統

從兒童、青少年以至於成人族群，肥胖者罹患非酒精性脂肪肝的機率都明顯高於非肥胖族群，長期的脂肪肝又會提

內分泌系統

心血管系統

呼吸系統

肝膽腸胃系統

皮膚系統

骨骼系統

癌症

心理影響

兒童肥胖對全身各系統的影響

高肝纖維化、肝硬化，甚至肝癌的風險。此外，肥胖還會增加罹患膽結石的機率，若肥胖兒童出現右上腹痛、黃疸、噁心、嘔吐、茶色尿等，須將膽結石列入考慮。

皮膚系統

- 黑色棘皮症：由於胰島素阻抗的關係，在皮膚皺褶處容易出現黑色素沉積與角質增生所致之條紋狀突起，常見於後頸部、腋下、鼠蹊與腹部皺摺處。常常會被誤以為是沒洗乾淨的汙垢或是曬黑，但卻怎麼也洗不乾淨、搓不掉的肥胖印記。當出現黑色棘皮症，往往是糖尿病或糖尿病前期的警訊，需就醫檢查。
- 肥胖紋：當體重快速增加皮膚快速被撐開的過程，容易出現肥胖紋，常見於腹部、屁股、大腿、手臂、乳房等部位，類似妊娠紋般。
- 對磨疹：由於肥胖造成某些部位皮膚反覆接觸摩擦出現類似濕疹、皮膚發炎的現象，常見於大腿內側、手臂內側、乳房下緣等部位。
- 毛囊角化症：常見於手臂外側與大腿前外側的毛孔突起小顆粒紅色疹子，觸摸起來粗粗的，雖然不痛不癢，但卻不美觀。
- 皮膚贅瘤：常見於頸部與腋下的小肉芽突起。

黑色棘皮症

肥胖紋

對磨疹

毛囊角化症

皮膚贅瘤

**兒童肥胖對
皮膚系統的影響**

骨骼系統

由於長期的過度負重，對於下肢骨骼與關節將造成負擔與傷害，在肥胖兒童容易增加股骨頭生長板滑脫、O型腿、退化性關節炎、骨折的機率。

心理影響

肥胖兒童與青少年由於外型較突兀，加上普遍人對於肥胖的刻板印象，在同儕與團體中容易遭受嘲笑、歧視、排擠、孤立，甚至是霸凌。因此肥胖兒童與青少年對自己往往較缺乏自信，甚至因而有憂鬱傾向，這都是在面對肥胖兒童與青少年時必須額外關注的問題。

呼吸系統

肥胖者由於呼吸道周圍組織富含豐富脂肪墊，加上肥胖容易合併扁桃腺與腺樣體肥大，造成呼吸道狹窄，睡眠時容易出現打鼾與「阻塞性睡眠呼吸中止症候群」。而長期的睡眠呼吸中止，又會延伸出白天精神不佳、嗜睡、注意力不集中、生長遲緩，甚至提高心血管疾病的風險。

癌症

成人肥胖目前已知與多種癌症有顯著關聯性，包含大腸直腸癌、胰臟癌、乳癌、子宮內膜癌、卵巢癌、腎臟癌與血癌。目前也有部分研究指出兒童時期的肥胖將提高成人時期罹患癌症的風險，包含白血病、大腸直腸癌和乳癌。

因此，肥胖不僅是「萬病淵藪」，甚至「胖起來要人命」！面對兒童與青少年肥胖問題，我們不得不更加謹慎！

什麼時候應該看醫生？

當孩子的身體質量指數 BMI 百分位大於第 85 個百分位，即符合「過重」定義，建議就醫由兒科醫師進一步評估肥胖的原因與相關併發症及危險因子。當女孩 BMI 值高於下表該年齡之過重值，請帶孩子就診兒科醫師。

年齡	0	0.5	1	1.5	2	2.5	3
BMI	14.7	18.6	17.9	17.2	17.2	17	16.9
年齡	3.5	4	4.5	5	5.5	6	6.5
BMI	16.8	16.8	16.9	17.0	17.0	17.2	17.5
年齡	7	7.5	8	8.5	9	9.5	10
BMI	17.7	18	18.4	18.8	19.1	19.3	19.7
年齡	10.5	11	11.5	12	12.5	13	13.5
BMI	20.1	20.5	20.9	21.3	21.6	21.9	22.2
年齡	14	14.5	15	15.5	16	16.5	17
BMI	22.5	22.7	22.7	22.7	22.7	22.7	22.7

臺灣女孩各年齡「過重」BMI 值

醫生可能安排哪些檢查呢？

當女孩因為過重肥胖就醫時，醫師可能會對孩子做哪些檢查呢？

身體理學檢查

影像檢查

實驗室檢查

身體理學檢查

- 測量身高、體重、腰圍。
- 測量血壓、心跳數。
- 外觀：是否有庫欣氏症典型之月亮臉、水牛肩。
- 皮膚：是否有黑色棘皮症、角化病、皮膚贅瘤、對磨疹、過多粉刺、青春痘、多毛症、肥胖紋。
- 第二性徵：檢查胸部發育與陰部發育狀況。
- 頭頸部：是否有甲狀腺腫大、扁桃腺腺樣體肥大。
- 呼吸：是否張口呼吸、是否有鼾聲、是否有呼吸道狹窄之呼吸音。
- 腹部：是否有腹部壓痛、腹部腫塊。
- 四肢：是否有水腫、步態異常、關節變形、多指（趾）。

實驗室檢查

主要為血液檢驗：

- 飯前血脂、飯前血糖、肝功能。
- 視個別肥胖兒童狀況另外安排相關之項目。

- 若有肝指數異常，將進一步安排腹部超音波看是否有脂肪肝。
- 可選擇性安排雙能量Ｘ光吸收——身體組成分析儀了解全身骨骼、肌肉、脂肪組成與分布狀況。

小時候胖不是胖？

這樣的說法與見解，其實不管在臺灣或歐美國家都曾有過這樣的迷思，近20年來，也有許多的長期研究探討兒童與青少年時期的肥胖與成人時期肥胖及疾病之間的關聯性。

臨床
實境

醫師，阿公阿嬤說小朋友就是要養胖胖的比較可愛，而且「小時候胖不是胖」，長大就會抽高變瘦了，真的是這樣嗎？

根據 2017 年《新英格蘭醫學期刊》（*The New England Journal of Medicine*）上關於兒童肥胖與成人肥胖的研究，從 35 歲的成人去回溯其兒童時期的體型發現幾個現象：

- 35 歲的肥胖成人有一半以上小時候是胖的。
- 在 35 歲的成年人中有 57% 是屬於肥胖體格的。
- 2 歲時的肥胖兒童到 35 歲時，有 75% 的機率仍然是肥胖的。
- 19 歲時的肥胖青少年，到 35 歲時，有 88% 是肥胖的。

根據美國疾病管制局的資料，學齡前的過重或肥胖兒童，其成人時期肥胖的機率高達其他正常體型孩子的五倍之多！

諸多研究資料顯示，肥胖兒童有 1/2 的機率長大後仍然肥胖，而肥胖青少年更有 2/3 的機率變成肥胖成人。

由此得知，**小時候胖就是胖！**

小時候胖，幾乎決定了未來體重增加的趨勢！ 小時候胖，是未來長大後生病的詛咒！ 所以體重管理，應該從小做起！

如何幫孩子做好體重管理、健康減重？

有了前面內容的了解，相信爸爸媽媽們對於兒童過重與肥胖都會提高警覺心。然而，究竟該如何落實，才能幫孩子做好體重管理，避免正常體型的孩子逐漸成為過重的孩子？如果孩子已經過重或肥胖，身為家長又該如何協助呢？邱醫師將體重管理的重點歸納為以下幾個層面，分別為飲食、運動、睡眠與環境。

飲食

- 母乳哺餵。
- 三餐定時定量。（早餐一定要吃！）
- 在家烹調優於外食。
- 食物選擇以原型、少加工為原則。
- 六大類食物均衡攝取，不挑食！（備註：六大類食物為：全穀雜糧類、豆魚蛋肉類、蔬菜類、乳品類、水果類、油脂與堅果種子類）
- 避免高熱量飲食，如高脂肉類、油炸與燒烤食品、甜食、精緻糕點等。

- 減少調味料的添加。

- 避免喝含糖飲料。

- 避免喝果汁，鼓勵直接食用水果，且水果攝取不過量（一餐一拳頭）。

運動

- 正常體型兒童建議每天運動30分鐘以上。
- 過重或肥胖兒童建議每日運動時間為至少一個小時。

睡眠

兒童青少年睡眠時間建議：

- 4～12個月嬰兒，每天睡眠12～16小時，包括非常規睡眠時間的小睡。
- 1～2歲，每天睡眠11～14小時，包括非常規睡眠時間的小睡。
- 3～5歲，每天睡眠10～13小時，包括非常規睡眠時間的小睡。

- 6～12 歲，每天睡眠 9～12 小時。
- 13～18 歲，每天睡眠 8～10 小時。

睡覺前一小時，避免使用 3C 產品，如電視、手機、平板等。睡覺時應盡可能關閉燈光，減少聲光刺激。

環境

- 家中用餐盡量固定在餐桌上，避免邊看電視邊吃東西。
- 家中應營造友善飲食環境，避免在家中隨時囤積唾手可得的垃圾食物。
- 家長應該以身作則，全家一起養成與落實健康飲食與健康運動的習慣。
- 應準備「體重計」，養成至少每週固定測量體重的習慣。
- 3C 產品使用原則：
  - → 2 歲以下幼兒：不應接觸電視、平板、手機、電子遊戲等多媒體。
  - → 2 歲以上兒童：每日 3C 產品使用時間應小於 2 小時。

兒童肥胖中醫觀點

有別於成人，兒童的中醫生理特點在於「臟腑嬌嫩，形氣未充」，「肺脾腎常不足」。意指兒童的消化系統發育尚未健全，當後天起居不慎，加上飲食不當，將造成消化系統的負擔。常見為「脾胃氣虛」合併「痰濕阻滯」的證型。

而肥胖的體質與證型，常常由平時不良生活習慣日漸積累而成。

肥胖的孩子常見的共通點為「不喜歡動」。在門診短短十幾分鐘的觀察即可發現肥胖兒童「能躺則躺，能坐則坐」，明顯運動量不足，除了熱量消耗少，造成熱量累積體重增加之外，還會使基礎代謝率下降。「久臥傷氣，傷氣則氣虛；久坐傷肉，傷肉則脾虛」，脾胃氣虛，脾失健運，加上飲食不節、過食肥甘厚味，導致體內津液輸布失調而痰濕內生，導致肥胖。

肥胖兒童的舌診常可觀察到典型象徵氣虛與痰濕的胖大齒痕舌，與厚膩的舌苔。氣虛且痰濕阻滯的孩子，容易感到肢體沉重倦怠、提不起勁，睡眠品質也不好，明明睡眠時

間很多很長，但卻越睡越累，多夢，白天精神不佳，甚至影響學習效率。

治療仍以「有是證，用是藥」為原則。

經過以上的了解可知，兒童肥胖問題，除了極少數由疾病造成的肥胖之外，絕大多數的兒童肥胖還是歸因於過多的熱量攝取與不足的熱量消耗。

無論從中西醫觀點，健康的生活習慣、充足的睡眠、均衡適量的飲食、規律的運動習慣才是奠定孩子「好體質」的一切根本。

吾家有女初長成——
女兒進入青春期了嗎？

女孩的第二性徵主要包含乳房發育，陰毛、腋毛生長及初經來潮。

女孩性早熟若未得到適當治療，可能造成身材矮小，並在生理、心理層面造成許多問題。

要預防性早熟，就必須避免過重、肥胖，並且避免「環境荷爾蒙干擾物」的暴露。

當女孩胸部開始隆起，就應該開始穿內衣，正確穿著，才不會影響乳房發育或造成肩頸脊椎不適。

醫師，我的女兒胸部凸凸的，是開始發育了嗎？

醫師，我女兒國小四年級，最近開始長胸部，她是不是性早熟？

醫師，我女兒說她胸部摸到一顆東西，而且會痛！我好擔心是乳癌！

醫師，我女兒鼻頭上有凸凸的像粉刺的東西，是進入青春期了嗎？

醫師，人家說發育了就長不高了，我好擔心！

醫師，聽人家說長陰毛就代表快要來月經了，怎麼辦？

醫師，聽人家說發育了就要趕快去打針，不然很快會來月經，而且會長不高？

醫師，阿嬤說發育了要趕快吃轉骨方，才會長得好？

這是每日門診，爸爸媽媽們時常詢問邱醫師關於女孩發育的問題，究竟女孩進入青春期會出現哪些表徵？什麼時候發育才是正常的？什麼情形應該帶孩子看醫生？身為家長又該如何幫女兒注意，幫助女兒順利度過青春期呢？

女孩青春期是如何啟動的？

青春期是「女孩逐漸轉變為成熟女人的過程」。女孩青春期的開始，要從人體啟動青春期發育的「下視丘－腦垂體－性腺」與「下視丘－腦垂體－腎上腺」兩系統說起。

下視丘-腦垂體-性腺

下視丘釋放出「促性腺釋放激素」，使腦垂體前葉分泌「黃體刺激激素」以及「濾泡刺激激素」，這些指令再傳遞到性腺「卵巢」，使卵巢分泌「雌激素」，使乳芽形成，乳房長大；子宮體長大、子宮內膜增厚；排卵後卵子未受精，黃體萎縮，黃體素濃度下降，於是內膜剝落，「初經」來潮。雌激素也會作用在長骨的生長板，使軟骨增生分化，形成硬骨，讓骨頭長長，因此青春期期間長高速度會變得更加明顯。

下視丘-腦垂體-腎上腺

下視丘分泌「促腎上腺皮質激素釋放激素」，使腦垂體前葉分泌「促腎上腺皮質素」，刺激腎上腺生成「雄激素（androgen）」。雄激素會作用在會陰部與腋下的毛囊，使陰毛與腋毛生長；作用在汗腺、油脂腺、頂漿腺使腺體成熟，分泌旺盛，因此青春期孩子皮膚容易泛油光、長青春痘，也容易有狐臭、體味。

女孩的第二性徵包含哪些？

女孩的第二性徵主要包含乳房隆起，陰毛、腋毛發育以及初經來潮。除此之外，女性荷爾蒙（雌激素）也會讓女孩的脂肪重新分布，使胸部、臀部趨於豐腴，造就「前凸後翹」的曼妙身材。

女孩的第二性徵的分期評估

而臨床上醫師在評估女孩的青春期發育成熟度有一個評分準則，稱為Tanner stage，分別針對「乳房發育」與「陰毛發育」做評分，各有五個分期。

正常的發育年齡

女孩開始出現第二性徵的平均年齡為10.5歲。大多數是從胸部發育開始。醫學上定義：**女孩在8～13歲間開始出現第二性徵是正常的現象。**

初經平均年齡約莫落在11.5～12.5歲之間。醫學上定義：**女孩初經在10～15歲之間報到視為正常的現象。**

| 第一期
胸部平坦
乳房尚未發育 | 第二期
乳腺開始萌芽
乳暈變明顯 | 第三期
乳腺長更大
範圍超出乳暈 | 第四期
乳房持續長大
乳暈隆起 | 第五期
成熟的乳房
乳暈變平坦 |

女孩乳房發育 Tanner stage 分期

| 第一期
尚未長陰毛 | 第二期
外陰部稀疏
小細毛 | 第三期
陰毛變得
又黑又捲又粗
長到恥骨中部 | 第四期
陰毛延伸到
恥骨上緣 | 第五期
成人的陰毛
陰毛延伸到
大腿內側 |

女孩陰毛發育 Tanner stage 分期

什麼是「性早熟」跟「性晚熟」？

性早熟是指：在不該發育的年齡，過早出現第二性徵。**女孩在8歲前出現第二性徵，視為性早熟。女孩在10歲前初經報到，也是性早熟。**

性晚熟是指：在應該發育的年齡，沒有出現第二性徵。**女孩在13歲以後仍然沒有第二性徵，視為性晚熟。**

8歲		13歲	
性早熟	正常發育	性晚熟

女孩青春期發育年齡

為什麼會發生「性早熟」或「性晚熟」？

當「下視丘－腦垂體－性腺」與「下視丘－腦垂體－腎上腺」這兩個系統的運作出差錯，正常啟動青春期的功能便會失控，太早開始運作便發生性早熟；遲遲沒辦法運作便發生性晚熟。

根據發病部位,可以區分為「中樞性早熟」與「周邊性早熟」。中樞性早熟是指源自「下視丘與腦垂體」的問題而導致的性早熟。周邊性早熟是指源自「卵巢與腎上腺」或「外來環境荷爾蒙干擾物」的問題而導致的性早熟。

中樞性早熟

大部分發生在女孩的中樞性早熟是「特發性中樞性早熟」,又名「不明原因中樞性早熟」,大約佔了80～90%。也就是女孩確實在8歲前啟動了青春期發育的中樞開關,但是檢查不出明確的病理性問題,就會歸類為「特發性中樞性早熟」。而其餘10～20%造成中樞性早熟的病理性原因,包含以下幾個項目:

- 腦部腫瘤:如下視丘錯構瘤、星狀細胞瘤、室管膜細胞瘤、視神經或下視丘膠質細胞瘤、神經纖維瘤合併視神經膠質細胞瘤。
- 腦部曾接受過放射線治療或暴露。
- 其他的中樞神經疾病:如水腦症、腦垂體囊腫、中樞神

經系統發炎疾病、先天性腦部中軸發育異常（如視神經發育不全）。

- 特定基因異常：如 *KISS* 基因與 *KISS1R* 基因發生功能獲得型突變、*MKRN3* 基因發生功能喪失型突變等。

周邊性早熟

周邊性早熟是指源自卵巢、腎上腺的問題所導致的性早熟，常見疾病包含：

- 卵巢病變：卵巢腫瘤、囊腫。
- 腎上腺腫瘤。
- 馬科恩－亞伯特氏症候群（McCune–Albright syndrome），又名「纖維性骨失養症」，罹病女孩常合併多發性骨纖維性發育不良、皮膚有咖啡牛奶斑，及因為週期性功能性卵巢囊腫所引發之周邊性早熟。
- 「外來環境荷爾蒙干擾物」接觸，也屬於周邊性早熟。

性晚熟的原因

類似於中樞性早熟的概念，根據發病部位，可以區分為「原發性性晚熟」與「繼發性性晚熟」。

原發性性晚熟

「原發性性晚熟」是指因為卵巢功能衰竭，導致無法分泌足夠雌激素而正常出現第二性徵與生理週期。常見於透納氏症候群（Turner Syndrome）或女孩因血液腫瘤疾病接受化學治療或放射治療間接造成卵巢功能障礙等。

繼發性性晚熟

「繼發性性晚熟」問題的來源在於中樞神經系統，下視丘與腦垂體無法適當分泌釋放「促性腺釋放激素」、「黃體刺激激素」以及「濾泡刺激激素」，因而無法發號施令啟動青春期的開關。可以理解為「中樞性晚熟」。

「繼發性性晚熟」可見於以下幾種情況：

- 基因突變造成的特殊症候群（如卡曼氏症候群 Kallmann Syndrome）
- 腦部受過嚴重創傷
- 顱咽瘤
- 發炎性腸道疾病
- 厭食症
- 女運動員

性早熟會對女孩造成哪些長期影響？

性早熟若未得到適當治療，對孩子造成的長期影響，除了多數家長關心的加快生長板閉合速度，造成成人身高矮小，以及早來初經的困擾之外，其實還有許多值得我們關注的議題。

研究發現，早熟的女孩在心理層面的影響，包含容易遭受同儕異樣眼光、歧視、嘲笑、霸凌，遭遇性侵、未婚性行為、未婚懷孕等機率也明顯較高。

在生理層面的長期影響，早熟女孩在成人時期容易發生肥胖、代謝症候群、多囊性卵巢症候群，甚至提高罹患乳癌與子宮內膜癌的風險。

什麼情況應該要看醫生？

當女孩開始發育的時間沒有落在正常的年齡區間，代表孩子可能有潛在的問題，必須及早帶孩子就診「兒童內分泌科」，包含：

....

- 女孩8歲前胸部隆起、乳房硬塊，長出陰毛、腋毛。
- 女孩10歲前初經報到。
- 學齡女孩在8歲前出現第二性徵合併長高速度過快（＞6公分／年）。

8歲前
出現第二性徵

10歲前
初經來潮

8歲前出現第二性徵
合併長高速度過快

出現性早熟表現，請儘快就醫

醫師可能會安排哪些檢查？

面對性早熟或性晚熟孩子，醫師需要根據一些線索來判斷：
❶ 孩子是不是真的發育了；❷ 大概發育多久了；❸ 是不是哪裡生病而造成早熟或晚熟？

因此需要掌握以下重要資訊：

....

- 孩子當下的生長狀況（身高、體重、BMI）
- 生長速度（需有過去的生長紀錄做參考）
- 評估是否有第二性徵以及發育成熟度
- 爸爸媽媽兒時的生長狀況以及發育時間，例如：
    - → 爸爸幾歲變聲？幾歲還在長高？
    - → 媽媽初經幾歲報到？
- 孩子是什麼時候出現第二性徵？
    - → 什麼時候開始胸部隆起？胸部摸到硬塊？
    - → 什麼時候發現長了陰毛、腋毛？
- 是否伴隨其他症狀？如頭痛、腹痛、多喝、多尿、視野障礙、體重減輕？
- 是否有在使用任何保健食品或中、西藥物？（包含口服、外用）

可能會安排的檢查與檢驗項目（詳見「生長門診常見特殊檢查介紹」章節）：

- 骨齡檢查
- 子宮、卵巢、腎上腺超音波檢查
- 抽血檢驗：與青春期發育相關的荷爾蒙項目
- 有的孩子會進一步做到「性釋素刺激測驗」
- 腦部核磁共振檢查

性早熟的治療

性早熟的治療方式取決於性早熟的原因。

- 中樞性早熟：性釋素促進劑（GnRH agonist）。
- 周邊性早熟：治療周邊性腺器官（如卵巢、腎上腺）病灶。
- 病態中樞性早熟：除了性釋素促進劑治療外，有的還須同時接受其他治療，例如腦瘤摘除手術、化學治療、放射線治療、質子治療等。

關於性釋素促進劑的治療，詳見「生長發育門診特殊藥物簡介」章節。

如何預防女孩性早熟？

避免過重、肥胖

研究顯示過重、肥胖與脂肪比例高的女孩，由於血中瘦體素（Leptin）濃度高、血清脂聯素（Adiponectin）濃度低，會間接刺激性釋素的分泌；而肥胖、體脂高的女孩容易合併胰島素阻抗，進而減少性荷爾蒙球蛋白（Sex hormone–binding globulin）的濃度，導致游離血中有生物活性（bio-availability）的性荷爾蒙濃度增加，進而造成性早熟。

避免「環境荷爾蒙干擾物」的暴露

環境荷爾蒙干擾物，其化學結構類似於性荷爾蒙，進入到動物體內會引發類似於性荷爾蒙的生理作用，因而造成性早熟。

關於環境荷爾蒙干擾物的詳細介紹，請見「環境荷爾蒙對女孩成長與健康的危害」章節。

該給女兒穿內衣了嗎？

當女孩胸部開始隆起，出現小乳芽苞，就可以給女孩準備內衣囉！

在乳房發育的過程中，隨著體內荷爾蒙濃度的變化，乳腺在長大的過程，牽扯到周邊的組織、神經，女孩常常會反映有乳房脹痛的現象。

發育過程，乳頭也會變得較明顯、堅挺，此時若有內衣的保護，可以避免乳腺遭不慎碰撞時產生的疼痛不適，也可以避免乳頭直接接觸上衣時的摩擦與刺激。

發育的過程乳暈顏色也會變得較深，穿著內衣可以避免穿著較輕薄上衣時乳暈透出或乳頭激凸的尷尬情形發生。

內衣的選擇重點

- **在乳房發育初期 (Tanner stage 2) 階段**
──宜選擇有小襯墊的背心內衣

   → 材質以透氣、吸汗的棉質為首選。
   → 尺寸應合身、不宜過鬆或過緊。
   → 顏色以白色或膚色為佳。

小女孩開始嘗試穿內衣時會經歷一段時間的不適應，常常會因為感覺悶熱、太緊、不舒服而穿不住，或者擔心遭受同儕異樣眼光而排斥穿內衣，因此選擇透氣、合身、淺色的內衣是此階段的重點。

● 乳房發育中期（Tanner stage 3）階段
——宜選擇罩杯／無鋼圈／可調式肩帶內衣

此時乳腺持續長大，整個乳房輪廓會更加明顯，可開始讓孩子嘗試有罩杯、無鋼圈又不會太有束縛感的內衣，以提供乳房適當的包覆又能保有成長的空間。另外，此階段也同時伴隨女孩軀幹骨架的快速生長，可調式肩帶讓孩子在成長的過程能隨著體型的改變彈性調節肩帶長度，延長內衣使用時間。

● 乳房發育後期（Tanner stage 4～5）階段
——應選擇有罩杯／支撐力強的內衣

此階段的乳房整體組織結構已接近成人的成熟度，乳房豐滿、乳頭堅挺、且有一定的重量，需要有完整的罩杯包覆與良好支撐力的內衣來固定及保護乳房，此時可以開始讓女孩嘗試彈性軟鋼圈的內衣。

過程中，爸爸媽媽除了幫女兒挑選適當尺寸與款式的內衣之外，也務必指導女孩如何正確穿著內衣，避免因為不正確的穿著方法，而影響乳房的發育或造成肩頸或脊椎的不適喔！

乳房發育 Tanner stage	Tanner stage 2	Tanner stage 3	Tanner stage 4-5
乳房發育 生理特點	乳腺些微隆起 範圍在乳暈內 容易感到脹痛	乳腺長大更明顯 範圍大於乳暈 軀幹快速長大	乳腺長大 乳暈隆起 乳房豐滿
乳房發育 示意圖			
內衣挑選重點	透氣棉質有襯墊 淺色小背心	罩杯包覆 保留成長空間 可調式肩帶	罩杯 支撐力強
內衣款式 示意圖			

乳房發育過程 – 內衣挑選重點原則

揭開「初經」的面紗

初經來潮前一年，通常是女孩青春期階段的成長高峰期，初經來潮後，長高速度就大不如前。

女孩初經來潮時，父母應細心陪伴，讓女兒適應月經週期，並準備好衛生棉、生理褲、備用內褲與外褲。

每個女孩都應該學會衛生棉的使用，並做好生理期紀錄。

女孩初經來了，是否喝「四物湯」，需經過專業醫師診治，切勿自行購買服用，以免耽誤潛在病況。

開學了，剛升國小五年級的小婷上課上到一半突然感覺褲底一陣暖流，匆忙趕到洗手間，褲底一灘血跡嚇得女孩驚慌失措，原來是～初～經～來～潮～了！小婷媽媽也難以接受這突如其來、晴天霹靂的消息。擔心孩子還沒做好心理準備，面對日後每個月的經期來潮，也擔心孩子是否因此就再也長不高了！

究竟什麼年紀來初經是正常的呢？ 面對女孩初經來潮，家長們又該注意哪些事情呢？

什麼是「初經」？

「初經」是指女孩人生中第一次的月經來潮。初經來潮，代表女孩的青春期發育進入後期的階段；代表女孩「下視丘－腦垂體－卵巢系統」已達到一定的成熟度，建立起週期性的荷爾蒙變化，同時也代表子宮發育成熟，並隨著荷爾蒙的變化，子宮內膜增厚並剝落，便「月經來潮」。「初經來潮」意味著小女孩已蛻變成小女人，即將具備孕育下一代的能力。

幾歲來初經是正常的呢？

根據研究統計，初經來潮的年齡平均落在11.5～12.5歲。整體而言，初經的年齡落在10～15歲皆屬正常範圍。

正常女孩的青春期發育順序，通常從胸部發育開始，經過2～3年，約莫胸部發育至第四期的成熟度，初經便會來報到。初經來潮前，一部分女孩會經歷出現陰道分泌物的過程。因此陰道分泌物可以視為初經來潮的先兆。若發現女孩開始出現陰道分泌物，差不多該未雨綢繆，準備衛生棉並教導女孩正確的衛生棉使用方法。

若完全沒有出現第二性徵（如胸部發育、陰毛發育等），便陰道出血，需留意是否有遭受到性侵、外陰部受傷、生殖器腫瘤或凝血異常等疾病。

若不足8歲即出現第二性徵，不足10歲月經來潮，稱為「性早熟」。若超過13歲仍未出現任何第二性徵稱為「性晚熟」。超過15歲初經仍未來報到，則為「原發性無月經症」。

以上情形皆應盡快帶孩子就診「兒童內分泌科」接受進一步檢查。

初經來了就長不高了嗎？

初經來潮前一年，通常是女孩青春期階段的成長高峰期。初經來潮後，長高速度便大不如前，初經之後約 2～3 年，生長板幾近全數閉合，最終身高也大勢底定。因此，初經來潮後，大部分女孩還是會長高的。

女孩生長速度

孩子的初經正常嗎？

正常的月經週期約 28 天。青少女由於「下視丘－腦垂體－卵巢系統」未完全成熟，週期有可能稍短或稍長些，初經

剛來的三年內，生理週期稍微不規則是很常見的自然現象。一般而言，兩次生理週期間隔21～45天屬於正常可接受的範圍。一次的生理週期大約持續3～7天。

正常的初經來潮、正常的生理週期，代表著女孩有正常的下視丘、腦垂體功能，健全的女性生殖器官構造（包含子宮、卵巢、陰道等），良好的營養狀態，以及健康的身體（沒有其它嚴重的系統性疾病）。因此**「生理週期」又被稱為女人的「第五生命徵象」**（其他生命徵象指：體溫、心跳、血壓、呼吸速率）。「有健康的身體，才有正常的生理週期！」「生理週期不正常，常常意味著身體健康亮紅燈了！」

女兒初經來了我該做哪些準備？

面對初經來潮，小女孩（甚至是新手媽媽）驚慌失措的心情是在所難免的。此時媽媽應先冷靜下來，站穩腳步。只要女孩是在適當的年齡初經來潮，是不需要過度擔心的。

爸爸、媽媽應先陪伴女兒，讓她知道這個時候來月經是正常的現象，而這樣的情形可能會持續個3～7天，且會週期性地到來。在初經來潮的年齡，應幫女孩準備好衛生棉、生理褲、備用內褲及外褲。

衛生棉

建議同時準備「一次性使用」之「有翅膀的」、「一般量日用型」與「夜用量多型」衛生棉。

有翅膀的衛生棉

能讓衛生棉較牢靠地固定在內褲上，避免外漏或鬆脫移位的情形發生。適合初經剛來，對於衛生棉使用較生疏的小女孩。

一般量日用型衛生棉

可以讓女孩在白天上學時使用，即使量不多，建議至少2～3小時應更換一次，以避免細菌滋生，併發感染。

夜用量多型衛生棉

可以讓女孩在量多的幾天，以及夜間使用，避免外漏或側漏的困擾情境發生。

生理褲

生理褲是特別設計給女性生理期專用的貼身內褲。除了不易滲漏的特殊材質，也讓衛生棉與生理褲及肌膚更加服貼，甚至有的款式還具備能固定衛生棉翅膀的內層設計，也更容易清洗。能讓剛接觸初經的小女孩，在整個生理期過程，多一份安全感。

月亮褲

有別於生理褲主打「防漏」功能，月亮褲更具備吸收經血的功能，因此又號稱「吸血內褲」。其設計包含內層的吸血材質，以及外層的防漏材質。可以一定程度地取代衛生棉。適合初經剛來的小女孩在經期尚不規則的情形下，避免好朋友突然來訪、措手不及的尷尬，也可以

在經期前後量較少時取代護墊使用，還可以在量多時搭配衛生棉使用，環保又實用！

備用內褲與外褲

初經剛來的少女難免會遇上月經無聲無息地來報到，來不及用上衛生棉或是不慎外漏的窘境，為了避免不小心弄髒內褲甚至外褲造成尷尬，建議初經剛來的小女孩平時也能準備備用內褲與外褲以供不時之需。

女孩可以用衛生棉條嗎？

衛生棉條是一個可以置入陰道內的吸水棉，使用時透過一個外導管將棉條推入陰道內。可以減少衛生棉使用過程中

肌膚的悶熱、過敏、異味與不適感，也不會有衛生棉使用過程中移位、變形的困擾。許多運動員會在運動賽事中或者游泳情境下使用。

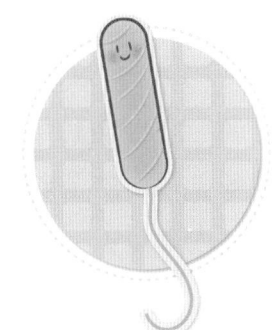

由於棉條的管徑不大，未曾有過性行為的少女也是可以使用的。

但剛來初經的女孩由於對棉條的操作尚不熟悉，容易不小心汙染到棉條，或者太長時間沒更換，有時候會有引發細菌感染甚至毒性休克症候群（Toxic shock syndrome）的風險。

除非孩子訓練有素、經驗熟稔，否則在剛來初經的少女暫且不建議經常性地使用衛生棉條。

女孩可以用「月亮杯」嗎？

月亮杯外觀呈現杯狀，由材質柔軟可變形之矽膠製成。可清洗、重複使用，是最環保的生理用品。適當的使用可以大大節省衛生棉的開銷以及衛生棉的垃圾量。

使用時需將月亮杯置入陰道內（子宮頸與陰道口之間），使用者必須對女性生殖結構有一定的了解，且經過幾次的練習，方能熟稔地操作。

雖然每個人處女膜的開口大小不一、月亮杯也有不同的尺寸，對於尚未有過性行為的少女而言，相對較不容易置放。不熟悉操作的情形，也有可能發生月亮杯取不出來的窘境。

要置入體內的生理用品，要更加重視置放前的手部清潔與操作中避免染汙，否則一樣有引發細菌感染的風險。因此，對於初經剛來的女孩，邱醫師不建議做此嘗試。

每個女孩都要學會的「衛生棉的使用」

衛生棉的使用有許多重要的小細節，要在初經剛來的小女孩即完整教育。

洗手並擦乾

使用衛生棉時，切記！
手不要處碰到衛生棉親肌膚側

使用過的衛生棉不可以丟
馬桶，要丟到垃圾桶

使用過的衛生棉要用外包裝
袋或外層黏膠捲好、貼好

每個女孩都要學會的「生理期紀錄」

從初經開始，小女孩應學會記錄自己每一次的生理期。記
錄的方法可以用以下幾種方式：

- 記錄在紙本或手機的行事曆上
- 使用生理期紀錄 app
- 直接書寫記錄下生理期開始與結束的時間

當女孩因為任何跟生理週期相關的問題就醫求診時，記得先將近期至少半年的生理期紀錄事先準備整理好，提供給醫師參考喔！

「初經」一生只有一次，也請各位爸爸媽媽幫忙帶領女兒記錄下「初經的時間與年齡」。看兒童內分泌生長門診時醫師一定會問喔！

「經痛」了，怎麼辦？

臨床
實境

媽媽：邱醫師，女兒最近時常喊肚子痛，又陸續聽到她的同學們一個個初經都來了，我好擔心我的女兒是不是也快要來初經了呢？

以上情境也是門診常見問題之一。其實，剛來初經的女孩大部分是不會經痛的喔！

這是因為初經剛來的女孩，大部分內分泌系統尚未完全成熟，通常初經兩年內的女孩有近六成是無排卵性月經，無排卵性月經通常是不會合併經痛的喔！

青少女即使有經痛，通常是「原發性痛經」，而非病理器質性因素造成的繼發性痛經。通常原發性痛經發生在月經開始前一天到經期的頭三天，疼痛程度也屬於輕微，不至於因此影響到上課學習或日常生活。平常可以透過適當休息或熱敷下腹部達到緩解。

若疼痛程度較劇烈，已明顯影響到生活作息，因而無法正常上學、運動，或合併經血量多、頭暈、噁心、嘔吐、冒冷汗、面色蒼白、發燒等症狀，則建議就醫診治，可能有器質性病變，例如：子宮內膜異位、子宮肌腺症、先天生殖道結構異常或是骨盆腔感染等疾病，建議就診科別為「兒童內分泌科」或「婦產科」。

初經來了，一定要喝「四物湯」嗎？

 臨床實境

醫師，親戚朋友跟鄰居都說，初經來了要趕快買四物湯來給女兒喝，才不會太虛。

我就每次女兒月經來都早晚要她喝，結果女兒怎麼一次比一次月經量都多？

這個女孩來就診時，已連續來月經20天，量大，面色、唇色、結膜都明顯蒼白，抽血檢測血色素只有8g/dL（正常應大於12g/dL），女孩以前不曾有過貧血病史。

後來請家長回去停服四物湯，之後的週期都恢復正常。貧血的狀況也逐漸改善。

四物湯最早在晚唐是被用來治療外傷後體內瘀血留存作痛，記載於《仙授理傷續斷祕方》。而後自宋代以後開始應用於婦科疾病。其組成成分包含當歸、川芎、熟地、白芍，具養血疏肝、補血調血之功效，廣泛被應用於血虛證

型之婦科疾患，是補血調經的基礎方，甚至因而被譽為婦科第一方、婦科聖藥。

在以前營養條件普遍不足的時代，血虛體質相對較多，特別在生理期間更突顯出血虛表現，如頭暈、目眩、心悸、失眠、面色唇色蒼白無華，經血量少而色淡等。在此情形下就診中醫，中醫師在判斷病患為此血虛證型之下，便會開立補血調血之四物湯加減方。也因此，造就坊間普遍習慣月經週期結束便自行購買四物湯熬煮服用的習慣。

四物湯藥材

然而時代變遷，現代人的體質已跟過往大不相同。現在的孩子普遍營養過剩，也很少血虛體質。妄服四物，當心化燥，出現口乾舌燥、口舌生瘡、便祕、失眠、長青春痘等現象，若不慎用在本身即屬於燥熱體質的孩子身上，甚至造成血熱妄行、損傷胞絡，輕則血漏，重則血崩、經血不止，如上面分享之案例。

邱醫師要再次提醒各位爸爸媽媽，中藥、西藥都是處方用藥，每個孩子都是獨立的個體，尤其中醫的精神強調辨證論治，「有是證，用是方」。**孩子有狀況，請務必就醫給專業醫師診治，切勿自行購買藥物給孩子服用，以免耽誤到病情，甚至因此惡化病情喔！**

環境荷爾蒙對女孩成長與健康的危害

「環境荷爾蒙」無所不在，人體接觸後會對內分泌系統造成干擾，影響發育、代謝、生殖，甚至引發疾病。

環境荷爾蒙可能會嚴重影響人體健康，其中又以胎兒和處於發育期的兒童最容易遭受危害。

環境荷爾蒙的影響，甚至會改寫第二代、第三代的個體健康歷程，種下子孫未來罹患疾病的禍根。

避免環境荷爾蒙，父母應該與孩子一起努力，從生活做起。

臨床
實境

小彤自幼三餐幾乎外食，常以塑膠容器盛裝食物，飲食又偏好油炸、油煎食品與動物皮、肥肉與內臟等脂肪部位，平時也常拿媽媽的香水、指甲油、化妝品來裝扮自己。媽媽回想小彤在幼稚園小班乳房就有微微隆起，原本以為是單純肥胖，想不到小彤在小一入學時，初經竟然來了！

經過詳細的檢查，確定診斷為「性早熟」。經過治療與生活習慣的調整之後，這才讓小彤的月經延到13歲才報到，最終身高也順利達到遺傳身高。

環境荷爾蒙是什麼？

環境荷爾蒙 (Endocrine-disrupting chemicals, EDCs)，又名「環境內分泌干擾物質」，其化學結構與荷爾蒙相似，接觸後會對人體的內分泌系統造成干擾，影響荷爾蒙的合成、分泌、傳輸、結合、作用及排除，進而干擾人體之生長發育、代謝及生殖等生理作用，甚至引發相關疾病。

環境荷爾蒙哪裡來？

環境荷爾蒙的來源，在我們生活周遭，分布於食衣住行育樂，無所不在：舉凡塑膠容器、餐具、奶瓶、奶嘴，塑料用品、玩具、文具、衣著，罐頭、紙餐盒、紙杯內層的淋膜，感熱紙中的雙酚Ａ、雙酚Ｓ，農作物、蔬果種植使用的有機磷、有機氯農藥、除草劑、除蟲劑等，電線、電器用品中的阻燃劑，變壓器內的多氯聯苯，空氣汙染中的戴奧辛，荷爾蒙干擾藥物等都是環境荷爾蒙的重要來源。

同時要注意的是，食物鏈的最下游「大海」也遭受嚴重環境荷爾蒙的汙染：海洋生物體內可檢驗出抗生素、荷爾蒙、化療藥、避孕藥等藥物！2017年美國華府非營利媒體Orb Media結合研究團隊，抽查全球五大洲的自來水，發現高達83%含塑膠微粒。當動物遭受環境荷爾蒙汙染，多數會殘留在其脂肪細胞。因此動物皮、肥肉、骨髓、內臟脂肪、動物油等食材，也是常見環境荷爾蒙的來源。

目前實證醫學文獻上有提及的環境荷爾蒙干擾物來源包含以下幾項：

- 鄰苯二甲酸酯（Phthalates）：塑膠產品、定香劑
- 雙酚類（Bisphenols）：食品容器、金屬罐內塗料、感熱紙、複寫紙
- 對羥基苯甲酸酯（Parabens）：化妝品、保養品（乳霜製劑等）
- 農藥與殺菌劑（Pesticides or fungicides）：使用農藥、除蟲劑之蔬菜、水果等農作物
- 藥物（Pharmaceuticals）：避孕藥、荷爾蒙製劑等
- 阻燃劑（Flame retardants）：家具、電器用品、地毯背襯等
- 多氯聯苯（PCBs）：冷卻劑、絕緣液、潤滑劑、變壓器、電容器等
- 植物雌激素（Phytoestrogens）：純化之大豆異黃酮
- 戴奧辛（Dioxins）：特定工業製程之燃燒排放、空氣汙染
- 烷基酚化合物（Alkylphenolic compounds）：洗滌劑，燃料和潤滑油添加劑
- 全氟烷基化合物（Perfluoroalkyl compounds）：廚具塗料、防油紙袋、紡織品、地毯等
- 精油（Essential oils）：茶樹精油與薰衣草精油

環境荷爾蒙與日常的距離，
比你想得還要近

有鑑於國際上對環境荷爾蒙干擾物對人體健康危害的影響日趨重視，我國政府自民國98年開始針對環境荷爾蒙干擾物進行具體之管理推動計畫，透過跨部會的整合合作，研擬國內環境荷爾蒙管理之短、中、長期計畫，為國人的健康把關。

其中在第二期執行成果報告中，行政院環保署毒物及化學物質局精心製作完整的宣導影片，專題報導《環境荷爾蒙與日常的距離，比你想得還要近》，推薦想進一步了解環境荷爾蒙的爸爸媽媽與小朋友們可以觀看影片了解。

《環境荷爾蒙與日常的距離，比你想得還要近》
https://youtu.be/vRbxfGCq9C0

環境荷爾蒙對女孩有什麼影響？

根據細胞、動物與人體的相關研究發現：環境荷爾蒙可能會造成胎兒生長遲滯、早產、低出生體重、女孩性早熟、初經過早、多囊性卵巢症群、早發性停經、不孕，增加青少年與成人罹患甲狀腺疾病、肥胖、代謝症候群與心血管疾病的機率；甚至造成乳癌、子宮內膜癌、卵巢癌等荷爾蒙相關的癌症，嚴重影響人類的健康！其中又**以胎兒和處於生長發育期的兒童最容易遭受環境荷爾蒙的危害。**

胎兒生長遲滯
早產、低出生體重

性早熟、初經過早
多囊性卵巢症群、早發性停經
不孕、乳癌、子宮內膜癌、卵巢癌

環境荷爾蒙嚴重影響健康

如何避免環境荷爾蒙的危害？

- 避免使用塑料容器、塑膠製品、紙餐盒、紙碗、紙杯等一次性免洗餐具。盡量使用玻璃、陶瓷或不銹鋼餐具。
- 減少食用油炸、油煎食品，避免食用動物脂肪部位（如皮、肥肉、內臟、骨髓等）。
- 選擇當季盛產、有政府「CAS優良農產品」標章之農產品。
- 以電子載具取代實體發票，減少感熱紙的使用（號碼牌、收據等）。
- 選購有「安全玩具標章」的玩具，使用後應徹底洗手。
- 勤洗手，避免環境荷爾蒙殘留於皮膚或經口攝入。
- 保持室內通風、空氣清淨，打掃時避免粉塵飛揚（濕拖、濕擦、吸塵器優於乾掃）。
- 空氣品質不佳時，避免外出，外出也養成配戴口罩的習慣。
- 「廢舊藥品」請參考衛福部食藥署的建議方式回收處理，切勿自行丟棄。
- 兒童、青少年非必要應避免使用精油、乳液與化妝品。
- 避免使用香味濃郁的洗潔、護理用品（洗髮精、沐浴乳、洗衣精等）。

減少食用油炸、油煎食品
避免食用動物脂肪部位

避免使用塑料、紙製
等一次性免洗餐具

減少接觸感熱紙

避免使用香味濃郁的
洗髮精、沐浴乳、洗衣精等

廢棄藥品妥善回收
切勿自行丟棄

避免使用精油、
乳液與化妝品

勤洗手

保持室內通風
空氣清淨

空氣品質不佳時避免外出
外出養成配戴口罩的習慣

選擇當季盛產　　　　　選購有安全玩具標章的玩具
有政府認證之農產品　　使用後應徹底洗手

上一代的環境荷爾蒙暴露，
當心「禍延子孫」

門診常見爸媽對孩子從小細心呵護，給孩子吃最好、用最好的，但偏偏性早熟還是發生在孩子身上。究竟還有什麼

因素會導致性早熟呢？「表觀基因學」的研究指出，這一代的生活習慣（酗酒、抽菸、農藥、環境荷爾蒙干擾物暴露、不良的飲食習慣等）將會影響個體生殖細胞的DNA甲基化與組蛋白修改等過程，進而影響子代甚至母體胎兒內精卵細胞的基因表現，進而改寫第二代甚至第三代的個體健康歷程，種下子代未來罹患疾病的禍根。

所以，**預防未來子孫發生性早熟，應從現在這一代開始做起！**

生長門診常見
特殊檢查介紹

骨齡檢查是初步診斷兒童生長發育相關疾患與特定內分泌疾患的一項重要依據，但不是性早熟的唯一診斷指標。

經診斷高度懷疑為中樞性早熟，但無法從單一次血液荷爾蒙濃度做診斷時，需進一步安排「性釋素刺激測驗」。

當孩童因身高不足或生長遲緩，評估有「生長激素缺乏症」之疑慮時，會安排小朋友做「生長激素刺激測驗」。

當孩童有中樞性早熟合併中樞神經症狀，經評估存在一定腦部病變風險時，會進一步安排「腦部核磁共振檢查」。

臨床實境

10歲初發育的小芝骨齡達11.5歲，媽媽既緊張又焦慮，擔心小芝會長不高，一進門診就著急地尋求性早熟針劑治療，甚至詢問能不能施打生長激素。然而，10歲的小芝已進入正常青春期發育的年齡，乳房也才剛開始發育，當下的身高有第75百分位，而且預估成人身高比遺傳身高多了6公分，經過邱醫師進一步分析說明，媽媽總算了解小芝是正常的青春期發育，也才終於卸下心中的焦慮。

在接下來四年多的發育過程，小芝很懂事地配合醫囑，認真遵循健康的生活型態：充足睡眠、每天運動、均衡健康的飲食，並定期回門診追蹤。最後，小芝在沒有任何藥物治療介入的情形下，國小畢業初經報到，國中二年級順利長到164公分的成人身高。

類似的情節，在生長門診每天不斷地在上演。究竟「骨齡超前」、「骨齡落後」是不是生病？為什麼兒童內分泌科醫師不建議我的孩子接受藥物治療？

骨齡

骨齡是什麼？

「骨齡」（Bone age）即「骨骼的年齡」，是根據1959年 Greulich and Pyle 及 1976 年 Tanner-Whitehouse 2 method，由左手手掌與手腕的骨骼影像，推測全身骨骼成熟度的一種方法。

骨齡的檢查方法為：將「左手」手掌平放在檢查台，照射低輻射劑量X光，取得清晰的手掌、手腕與遠端尺骨、橈骨影像，再由兒童內分泌科醫師做專業判讀。

骨齡檢查安全嗎？

做一次骨齡檢查所暴露的輻射劑量，根據不同醫療機構設備差異大約落在0.001～0.01毫西弗，是一張胸部X光的一半不到劑量。臺灣每人每年接受的「天然背景輻射劑量」是1.62毫西弗（相當於照射162張骨齡），而且骨齡檢查過程時間短暫，左手掌也不是體內重要的維生器官，只要遵循醫師醫囑之檢查頻率，基本上是安全的。

為何要做骨齡檢查？

骨齡檢查是初步診斷兒童生長發育相關疾患與特定內分泌疾患的一項重要依據，如：身材矮小、身高過高、生長遲緩、性早熟、性晚熟、生長激素缺乏等，所以兒童內分泌科醫師常會用骨齡檢查做為診斷參考。

骨齡如何判讀？

兒童內分泌科醫師會根據左手手掌與手腕的影像，仔細查看每一塊骨頭的大小、形狀、每一個生長板的空隙大小，判斷當時的骨齡。專業的兒童內分泌科醫師會再根據實際生理年齡與伴隨的生長發育趨勢做整體評估，並藉此推估孩子未來的成人身高條件。

除了判讀骨頭的成熟度，有經驗的兒童內分泌科醫師還會特別留意其他的骨骼異常表現，如佝僂症、透納氏症、SHOX 基因突變、Albright 遺傳性骨發育不全症（Albright hereditary osteodystrophy）等，這些疾病也常常可以在骨齡影像中發現明顯骨骼異常。

門診常見爸爸媽媽因為孩子骨齡大於實際年齡而焦慮緊張，擔心孩子性早熟而要求藥物治療。其實多數這樣的孩子是在正常年齡開始青春期發育，不僅沒有性早熟，也有不錯的身高潛力，所以只需要維持健康的生活型態，定期門診追蹤，往往就能達到不錯的成人身高。

哪些因素會影響骨齡的大小？

骨骼成熟的過程受到許多因素的影響，如：營養狀態、甲狀腺功能、性荷爾蒙、生長激素、皮質醇（cortisol）等。

青春期階段，由於性荷爾蒙濃度逐漸上升，並間接刺激生長激素的分泌，因此，大多數青春期的孩子身高明顯長得比先前快。但隨著性荷爾蒙濃度越來越高，同時也會加速骨骼成熟、促進生長板閉合。一旦所有生長板都閉合，也就決定了最終的成人身高。

臨床上常見孩子進入青春期後，骨齡開始有明顯加速的現象，此時也常伴隨相對應的生長速度，若身高符合骨齡

該有的表現，孩子的成人身高就不會受到影響。**骨齡超前於實際年齡是青春期孩子很常見的現象！骨齡超前不等於性早熟！**

然而，有些孩子在不該發育的年齡即出現第二性徵，如：女孩未足8歲出現乳房、陰毛發育，未足10歲來初經；男孩未足9歲出現睪丸、陰莖、陰毛發育。這樣的孩子倘若又合併長高速度明顯增加、骨齡進展快速，就會高度懷疑是「性早熟」，兒童內分泌科醫師將進一步安排相關的荷爾蒙檢查來確認診斷，並在必要時給予藥物治療。

骨齡超前的常見原因有：青春期發育、肥胖、遺傳、環境荷爾蒙的暴露、甲狀腺亢進等。

骨齡落後的常見原因有：營養不良、體質性生長遲緩、甲狀腺功能低下、特殊藥物使用等。

不過，也有一些會造成矮小的疾病（如：透納氏症），在青春期以前骨齡也符合實際年齡。因此，骨齡等同於實際年齡也不代表孩子一定健康沒生病！還是必須經過專業的兒童內分泌科醫師整體評估判斷。

結論：單靠骨齡超前、落後或等同生理年齡都不能直接診斷兒童正常或異常！

專業的兒童內分泌科醫師會根據孩子的年齡、身高、體重、身體質量指數（BMI）、營養狀態、潛在疾病、青春期發育的成熟度，綜合判斷骨齡是否符合整體表現，給您的孩子提供最適切的建議與治療。

為避免過度治療讓病患暴露在不必要的風險，臨床上有一種處置方式稱為「期待處置（expectant management）」，意思是雖然目前不考慮藥物治療介入，但會密切追蹤觀察，追蹤過程若出現異常，即安排進一步的檢查，必要時給予治療

性釋素刺激測驗

若經過性早熟的初步評估檢查之後，高度懷疑是中樞性早熟，但又無法從單一次血液荷爾蒙濃度做診斷時，需進一步安排「性釋素刺激測驗（LHRH test）」以確定診斷。此檢查須由專業護理師幫孩童置放靜脈留置針（留置軟管），大部分會選擇手部靜脈。

留取給藥前的血液後，於該留置軟管施打藥物（促性腺釋放激素LHRH），給藥後再每隔30分鐘抽血，一共抽取五次血液，分別檢測促黃體生成素、濾泡刺激素與雌激素或雄性素的濃度，以判斷孩童的下視丘–腦垂體–性腺軸是否已啟動青春期。

若給藥刺激後的促黃體生成素LH最高值大於5mIU/mL即為中樞性早熟（此為目前全球多數國家的診斷標準）。

臺灣健保局給付治療中樞性早熟的規定，LHRH測驗藥物刺激後促黃體生成素LH最高值須大於10mIU/mL合併其他條件皆符合方具申請資格。

生長激素刺激測驗

當孩童因「身高不足」或「生長遲緩」就診兒童內分泌科，醫師評估有「生長激素缺乏症」之疑慮時，會安排小朋友做「生長激素刺激測驗」。

在手部靜脈置放靜脈留置軟管
並抽取給藥前血液

從留置軟管
注射LHRH製劑

隔30分鐘抽血檢驗
一共抽取5管血液檢體

性釋素刺激測驗示意圖

生長激素刺激測驗：什麼時候要做？

- 「長得矮」而且「長得慢」！
  → 長得矮：身高落在該性別年齡「第3百分位」以下。
  → 長得慢：「一年長不到4公分」，或身高曲線往下掉兩大條百分位曲線。

- 初步檢查顯示：骨齡明顯落後，血液檢驗IGF-1與IGFBP-3濃度不足。

- 伴隨其他生長激素不足可能合併的特徵（如前額凸出、顴骨發育不良、鼻梁塌陷、低血糖、陰莖短小、尿道下裂，或合併其他荷爾蒙異常等）。

當以上情形發生，醫師認為孩子有「生長激素缺乏症」的可能，將進一步安排「生長激素刺激測驗」。

生長激素刺激測驗：是什麼？

平常生長激素的分泌呈現「脈衝式分泌」，因此無法從隨機、單一次的血液檢測直接反映個體生長激素分泌的能力。

生長激素刺激測驗是藉由藥物的刺激，營造出生長激素必須要分泌的情境，藉此情境來了解分泌的功能是否正常。

目前在臺灣可用來做為生長激素刺激測驗的藥物包含：胰島素、clonidine、L–Dopa、Arginine及Glucagon。

生長激素一天的分泌 生長激素刺激測驗

生長激素刺激測驗示意圖

生長激素刺激測驗：怎麼做？

於早上7～9點，建立靜脈留置針，並執行第一次抽血，隨後給予檢查用之「口服藥物」或「靜脈注射藥物」。之後每隔15～30分鐘執行一次抽血，檢測生長激素濃度。一次「生長激素刺激測驗」檢查流程約2～3小時完成。

最後一次抽血完畢後，若身體無不適，便可移除靜脈留置針頭。

生長激素刺激測驗：安全嗎？

生長激素刺激測驗執行過程，有可能發生以下狀況，須特別留意，必須在專業醫療團隊照護下執行此測驗。

- 暈針：由於須透過口服或靜脈注射藥物刺激生長激素分泌，加上得抽血數次，因此在兒童、青少年族群有可能因為心理壓力與恐懼感，在測驗過程中出現眩暈與噁心等暈針症狀。通常只要休息一段時間即可恢復，也不會因此產生後遺症。

- 測驗藥物的作用：檢查期間所服用或注射的藥物，會造成血糖偏低、血壓偏低，可能出現口乾、頭痛、冒冷汗、臉色蒼白、嗜睡、疲倦、頭暈、噁心、嘔吐等症狀。一般只要適度休息，並於檢查後進食即可逐漸恢復。少數有特殊病史的孩童（如癲癇、腦瘤等）可能在此過程出現抽搐發作等狀況。

生長激素刺激測驗：檢查注意事項

- 檢查前須至少空腹8小時，檢查開始至結束期間也禁止飲食，以免影響檢查的準確性。
- 抽血期間出現頭暈、噁心、臉色蒼白、抽搐、意識不清等情況，須立即告知醫護團隊。
- 檢查期間應坐在椅子上或臥床休息，儘量不要起身走動。

生長激素刺激測驗：檢查結果

檢查結果醫師將針對患童本身狀況與兩項不同藥物刺激後的生長激素分泌能力進行判讀，若判斷為「生長激素缺乏症」，將進一步安排「腦部核磁共振檢查」以釐清生長激素缺乏的可能原因，並衡量「生長激素治療」的適當性與時機，與家長進行說明與討論。

在生長門診，常見到性早熟孩童的家長擔心地詢問：

「一樣是性早熟，為什麼同學有做腦部核磁共振檢查，自己的孩子卻沒有，好擔心孩子腦部有病變沒有被發現……」

「腦部核磁共振檢查是中樞性早熟必要的檢查嗎？對孩子會不會有風險？」

腦部核磁共振檢查

哪些情況應該要做腦部核磁共振檢查？

- 所有中樞性早熟的男孩
- 小於6歲的中樞性早熟女孩
- 中樞性早熟合併快速青春期進展（Rapid progression）
- 中樞性早熟合併中樞神經症狀（如頭痛、嘔吐、癲癇、肢體無力、視野障礙、多喝、多尿等）

- 生長激素缺乏症
- 其它腦垂體下視丘疾病（如：巨人症、庫欣氏症、高泌乳激素血症等）

中樞性早熟合併中樞神經症狀
如頭痛、嘔吐、癲癇、肢體無力、視野障礙、多喝、多尿等

腦部核磁共振檢查：安全嗎？

核磁共振檢查是無輻射性的安全檢查，可清楚呈現腦部結構異常與血管病變。但是檢查耗時（一般約需30分鐘），檢查過程須配合指令靜止不動。由於儀器發出聲響較大，年紀小的兒童單獨在儀器內常常會害怕、躁動，因此在年紀較小或不能配合的兒童，常常需要事先給予鎮靜藥物，讓孩子睡著以順利完成檢查。

家長只需平時多留意孩子的相關症狀，看診時向醫師說明完整的病史資訊，並配合定期追蹤，幫助及時發現問題、早期診斷與治療。若醫師研判孩子腦部病變風險是低的，不需要進一步腦部核磁共振檢查，也請安心配合醫師建議，無須過度恐慌。

經醫師評估存在一定的腦部病變風險時，為清楚鑑別腦垂體與下視丘部位可能存在的病兆，特別是大腦碟鞍部的核磁共振影像是必要的檢查且需要搭配靜脈注射顯影劑。而兒童內分泌科醫師會依據個別孩童的狀況，權衡檢查的利弊，做最妥善的安排。

生長發育門診
特殊藥物介紹

生長激素治療，孩童的配合與家長的支持，治療遵從性好的族群，療效明顯高於常常忘記打針的族群。

生長激素治療，需要專業醫師依孩童個別狀況量身打造，才能在兼顧安全的前提下，讓治療發揮最大效益。

性早熟針劑，主要成分是「性釋素促進劑」，用來治療孩童的中樞性早熟，在謹慎劑量的治療掌控下是安全的。

小兒用藥有別於成人，切勿盲目服用中藥「轉骨方」，必須回到中西醫師專業，用藥安全才有保障。

生長激素

生長激素是什麼？

生長激素，從小到老都需要！ 過猶不及都不好！

生長激素是由191個氨基酸所組成的蛋白質類荷爾蒙，在下視丘的調控下，由腦垂體前葉進行脈衝式的分泌，從胚胎發育時期開始，終其一生到老。青春期階段血液中生長激素濃度達到高峰，隨後約每七年減少一半的分泌量，到55歲，生長激素濃度約只有青春期的1/6。

生長激素主要作用在骨骼、肌肉與脂肪。作用在骨骼，能使骨骼生長、也使骨質密度增加；作用在肌肉，能使肌肉量增加；而作用在脂肪，則能增進脂肪代謝，減少脂肪量。

「生長激素分泌不足」在兒童會以長不高、矮小來表現。在成人則會表現為容易疲倦、肌肉量少、骨質疏鬆、內臟脂肪多，呈現中廣型肥胖，容易合併代謝症候群與心血管疾病。

「生長激素分泌過多」在兒童因生長板尚未閉合，會快速長

高，表現為「巨人症」。成人生長激素分泌過多則表現為「肢端肥大症」。

生長激素如何使用？

「人工合成生長激素 (recombinant human growth hormone)」從西元 1985 年開始應用於人類。**「皮下注射」是目前 FDA 認可的唯一有效治療途徑。**由於生長激素的半衰期很短，長期以來注射頻率為「每天睡前注射一次」，最接近自然生理性的生長激素分泌。

人工合成生長激素的藥劑目前大多設計為筆型注射器的型式。其操作容易、針頭短且細、疼痛感不明顯，甚至有隱藏式針頭設計，因此能減少兒童對針的恐懼感，對於實際接受治療的兒童與家長反應都不錯。許多國小中年級以上的學童甚至都能自行執行注射。

（備註：「長效型人工合成生長激素」（每週注射一次）經過數午研發與臨床試驗，自 2020 年起陸續獲得 FDA 核准可使用於成人及兒童生長激素缺乏症。）

不是「生長激素缺乏症」,可以打生長激素嗎?

除了已知的生長激素缺乏症之外,人工合成生長激素自1985年獲得FDA核准使用於兒童生長激素缺乏症以來,陸續被應用於其它原因導致的兒童矮小與生長遲緩。

經過長期的安全性與療效評估,取得FDA核准使用人工合成生長激素的適應症,目前包含:

- 兒童生長激素缺乏症 (Pediatric growth hormone deficiency, PGHD) (1985)
- 慢性腎病 (Chronic kidney disease, CKD) (1993)
- 成人生長激素缺乏症 (Adult growth hormone deficiency, AGHD) (1996)
- 透納氏症候群 (Turner syndrome, TS) (1997)
- 小胖威力症後群 (Prader-Willi Syndrome, PWS) (2000)
- 胎兒小於妊娠年齡 (Small for Gestational Age, SGA) (2001)
- 特發性身材矮小 (Idiopathic Short Stature, ISS) (2003)
- SHOX矮小基因缺失症 (SHOX Deficiency) (2006)
- 努南氏症候群 (Noonan syndrome, NS) (2007)

因此，非「生長激素缺乏症」造成的「特定矮小症」，是可以透過人工合成生長激素的治療，達到改善身高的效果。但是需經過專業兒童內分泌科醫師的謹慎評估後，在正確的時機與劑量下使用，方能兼具療效與安全性。

打破生長激素治療的迷思

常有家長擔心地詢問，網路消息說「打生長激素會致癌、會造成性早熟……是不是真的？」目前可靠的研究成果告訴我們，**「適切的生長激素治療」，不會增加兒童罹患癌症的風險，更不會造成性早熟。**

因此，生長激素的治療應由「兒童內分泌科醫師」謹慎評估兒童是否符合適應症，正確的治療時機、恰當的劑量使用、治療過程中密切追蹤、監測相關指標、治療時間的拿捏等細節，都需要專業且有經驗的醫師依個別兒童的情形量身打造，才能在兼顧安全的前提下，讓治療發揮最大的效益。

把握黃金時機、掌握最好療效

根據長期研究成果顯示，生長激素治療開始的時間越早、治療時間越長、醫囑遵從性越好，身高預後越好。反之，

開始治療的年齡越大、骨齡越大、生長板空間越小，往往需要更大的生長激素劑量與更高的治療費用，幫忙的身高卻越有限。

因為生長激素的治療是由家長或孩子在家自行執行注射，治療的遵從性良好與否大大影響療效。研究發現，治療遵從性好的族群，療效明顯高於常常忘記打針的族群。因此，**治療過程中孩子的配合與家長的支持也扮演舉足輕重的角色喔！**

生長激素治療：可能的副作用

生長激素治療在符合適應症的族群中觀察到的副作用，以注射處的局部反應最常見，包含疼痛、紅、腫、瘀青、皮下硬塊等。

其它發生機率較低的副作用包含：顱內高壓、頭痛、甲狀腺功能低下、暫時性高血糖、股骨頭生長板滑脫等。

另外特別一提，若兒童本身有潛在脊椎側彎的問題，接受生長激素治療期間由於生長速度明顯大於治療前，此時會惡化原本脊椎側彎的程度，須特別留意！

生長激素治療：皮下注射注意事項

● **皮下注射的部位：腹部、臀部、上臂、大腿外側**

這些部位在藥物吸收速度上略有差異。吸收速度最快的部位為腹部，吸收速度其次為上臂，吸收速度較慢為大腿與臀部。

腹部　　　　　　　　　臀部

上臂　　　　　　　大腿外側

皮下注射的部位

- **其他會影響藥物吸收速度的因素還包含：**

❶ 運動：剛剛運動完的一側肢體由於血流增加，藥物吸收速度也會加快。❷ 溫度：較高的溫度，藥物吸收速度快（例如泡溫泉、熱水澡、按摩後）；較低的溫度，藥物吸收速度較慢。❸ 注射部位深淺：注射太淺，未到皮下組織，容易產生疼痛感，藥物吸收效率也較差；注射太深，進到肌肉層，會加速藥物吸收速率。

運動　　　　　　　溫度　　　　　　注射部位深淺

可能影響藥物吸收速度的因素

- **皮下注射藥物使用要點：**

注射前：❶ 將藥水退冰至室溫。❷ 確認注射資訊並檢查藥水有無異常。❸ 選擇合適的注射部位。❹ 確實做好清潔消毒。

注射時：❶ 完全插入後再按壓注射按鈕。❷ 原處停留 6-10 秒，再拔出針頭。❸ 避免施打同一部位。

注射後：❶ 輕壓注射處至不再出血。❷ 不揉注射部位。❸ 不重複使用針頭。❹ 將使用後的針頭包裝妥當並丟棄至指定地點。

注射前	注射時	注射後
將藥水退冰至室溫	完全插入後再 按壓注射按鈕	輕壓注射處 至不再出血
確實做好清潔消毒	原處停留 6-10 秒 再拔出針頭	將使用後的針頭 包裝妥當並丟棄

配合醫囑指示正確使用藥物，並掌握以上皮下注射藥物的注射要點，才能讓藥物更加穩定且安全地發揮其最佳療效。

不當使用：不僅不會幫助長高，還有健康風險！

由於近幾年家長對於孩子生長的關注與重視，因為生長問題尋求就醫諮詢與治療的比例明顯增加，也促成坊間針對兒童生長做為主打對象的商業行為日益氾濫，不管是保健食品、標榜專看兒童生長但非由兒童內分泌科醫師診治的醫療機構，甚至不乏收費高昂的自費診所。

然而，生長激素畢竟是藥物，藥物使用得當可以解決問題，使用不當甚至會增加健康風險。孩子有矮小與生長遲緩問題應該先謹慎評估，了解長不高的背後原因，才能對症下藥、適切治療，達到療效。

在兒童內分泌專家會議裡，偶爾可見未經妥善診斷、查出矮小原因，便盲目使用生長激素治療的孩子，後續才發現原來孩子的矮小與生長遲緩是因為某些特定疾病所導致，如腦瘤、癌症、肝臟疾病、腎臟疾病、甲狀腺功能低下、特定基因突變所致之症後群等。

生長激素使用在本身當下存在腫瘤細胞的個體，是會增加助長腫瘤增生與癌細胞轉移風險的，也是「絕對禁忌症」！

有些致矮小疾病本身存在未來罹患癌症的高風險，在未經妥善診斷下盲目開始治療，或使用不正確的劑量，對孩子的健康甚至生命安全帶來龐大的威脅！

生長激素：健保給付適應症

在現行的臺灣中央健保署「全民健康保險藥物給付項目及支付標準」中，生長激素給付適應症如下：

- 兒童生長激素缺乏症
- 透納氏症候群
- SHOX缺乏症
- 努南氏症候群
- 小胖威利症候群

以上為2022年11月頒布之適應症內容。個別疾病之適應症條件及申請資格限制，詳見衛生福利部中央健康保險署藥品給付規定條文。

性早熟針劑

性早熟針劑：是什麼？

性早熟針劑本身主要成分是「性釋素促進劑 (GnRH agonist)」。

性釋素促進劑用來治療中樞性早熟的作用原理，是藉由性
釋素促進劑與腦垂體前葉之性釋素受器相結合，經由去敏
感化的機轉，達到抑制下游黃體化刺激素與濾泡刺激素的
分泌，進而阻斷性荷爾蒙的製造，讓孩童過早開啟的青春
期開關暫時關閉。

中樞性早熟藥物治療機轉

性釋素促進劑是透過皮下注射的途徑進到人體，目前在臺灣有兩種劑型：

作用時間	一個月	三個月
劑量	3.75毫克	11.25毫克

國內性釋素促進劑劑型

性早熟針劑：適應症

性釋素促進劑的適應症包含：

- 中樞性早熟
- 停經前乳癌
- 子宮內膜異位症
- 攝護腺癌

性早熟針劑：可能的副作用

性早熟針劑治療最常見的副作用為注射處的疼痛、硬塊，少數會形成無菌性化膿。

性早熟針劑：長期安全性

● **停藥後皆能正常恢復第二性徵發育、正常的初經來潮與生育能力**

據2016年義大利研究團隊的一篇回顧性文章，28篇相關研究中，追蹤中樞性早熟治療的女孩至成年，所有特發性中樞性早熟兒童接受性釋素促進劑治療，停藥後皆正常出現月經。

月經報到時間平均介於停藥後的0.6～1.5年之間。整體而言，開始治療時的發育越成熟，停藥後月經報到的時間越早。月經的規則狀態治療組與一般健康女孩是無差異的！月經週期在停藥後的七年內有96%是正常的。停藥後第一年有41%達到正常規律的月經週期，停藥三年後約有65%達到正常規律的月經週期。

中樞性早熟接受性釋素促進劑治療的女孩，成年後的生殖能力與健康女孩族群無明顯差異。反而未接受治療的中樞性早熟女孩，不孕症機率明顯高於治療組與健康族群。

- **不會增加過重與肥胖的風險**

研究顯示，中樞性早熟的孩子過重與肥胖的比例，在初診斷時即高於其他正常孩子。在接受性釋素促進劑治療後的長期追蹤發現，性早熟治療並不會加速肥胖的進展。

- **不會造成骨質疏鬆**

雌激素是維持骨質密度強健相當重要的荷爾蒙。因此在成人族群接受性釋素促進劑治療的過程，由於雌激素受到抑制而造成骨質流失，增加骨質疏鬆的風險。

然而，在兒童中樞性早熟接受性釋素促進劑治療的研究發現，當這群孩子到了成人時期，骨質密度跟健康族群是沒有差異的。

這是因為孩子本來就不應該在這麼小的年紀分泌性荷爾蒙，早熟的孩子接受治療，讓性荷爾蒙回歸到未發育時應有的低濃度，該發育的時機再停藥讓孩子恢復性荷爾蒙的分泌，這樣的過程是不會對長期骨質健康造成影響的。

可見**在正規、謹慎的劑量與治療掌控之下，性釋素促進劑用於治療兒童中樞性早熟，是相對安全的！**

性早熟針劑：臺灣現行健保給付規範

- 開始發育年紀：女孩 7 歲以前
- LHRH 測驗：LH 最高值≧10mIU/mL 且合併第二性徵
- 骨齡較生理年齡超過至少 2 年。
- 預估成人身高（兼具以下 3 項）
    - → 女孩≦153cm
    - → ≦遺傳身高
    - → 追蹤 6～12 個月間，骨齡增加比實際年齡增加比率≧2，且預估身高要再減少至少 5cm。
- 繼續治療條件：女孩骨齡 14 歲以下，生長速率≧2 公分／年

（備註：限地區醫院以上層級「兒童內分泌科」、「遺傳科」、「新陳代謝科」醫師申請使用。2022 年 10 月 28 日公告）

臨床實境

醫師，鄰居說女孩長胸部要開始吃轉骨方不然會長不高，我該給孩子吃嗎？

醫師，我有給小孩吃中藥，中藥房說這是水藥，不會加速生長板閉合！

醫師，我在中醫診所就醫，中醫師開成長一號方給我，可以給孩子吃嗎？

中藥的使用

小兒病生理特性有別於成人：用藥需有獨特考量

兒童在病生理特點上具有臟腑嬌嫩、形氣未充，發病容易、變化迅速的特點。

典籍《溫病條辨 — 解兒難》中即指出：「小兒用藥稍呆則滯，稍重則傷，稍不對證，則莫知其鄉。小兒臟器輕靈，隨撥隨應，處方用藥宜輕巧靈活，用藥以平為貴。對於大苦、大寒、大熱、大辛、峻下、毒烈之品，應當慎用。即使遵循『有是證，用是藥』的原則，也應中病即止，不可過劑。用藥過程應當兼顧脾胃之調養，勿使之損傷。」

小兒為純陽之體，稚陰稚陽、易虛易實、易寒易熱，不可亂投補益藥！**兒童生機蓬勃，只要養育得當，護養得宜，自能正常生長發育。在兒童不當補益當心上火、性早熟！**

轉骨方迷思：中藥不當使用，當心「揠苗助長」！

古代醫書與現代教科書都沒有「轉骨方」這個名詞，海峽對岸的中醫界也沒有「轉骨方」的論述，吃轉骨方是臺灣民間

特有的現象。仔細探究這些民間轉骨方，可以發現各家轉骨方的中藥組成都不盡相同，但大多包含補肝腎、壯筋骨的中藥材。

回顧轉骨方發展的時代背景，過去臺灣社會經濟狀況普遍不好，營養不良、寄生蟲感染的情形相當普遍，當時的孩子大多因為營養不良導致青春期發育延遲，此時中醫師便會開立出改善脾胃運化功能，補益氣血，滋補肝腎，使孩子順利進入青春期的處方。然而，現代的孩子普遍肥胖、營養過盛，甚至有早熟的趨勢，古代的處方並不適合現代多數孩子的體質，許多家長擔心孩子早熟、太熟，偏偏又給孩子服用這類屬性的中藥，無疑是「火上加油」！不當服用轉骨方反而變成揠苗助長。

絕對不是每個孩子到了某個生長發育階段就一定要用某帖藥物！中藥也絕非「有病治病，沒病強身」！

許多生長發育正常的孩子原本即具備相當優秀的身高條件，常常在服用坊間轉骨方後，觀察到孩子出現性徵迅速成熟、骨齡快速進展、生長板快速閉合的現象，反而大幅壓縮生長時間，最後讓孩子終止在一個相當不理想的身高。等到發現成長速度趨緩前來就醫，在這樣幾近閉合

或完全閉合的生長板，內科藥物治療實已無能為力。由於看過太多無法挽回的案例，邱醫師十分反對盲目服用轉骨方，也不斷提醒家長千萬不要忽略：**中藥是可以改變孩子體質或病證的「藥物」**。切勿以訛傳訛，把孩子當做藥罐子來做實驗，常常勞民傷財又揠苗助長，得不償失！

有體質偏差，中藥調理：可讓成長加分！

邱醫師肯定中藥可以調理孩子偏差的體質，進一步改善生長。所以邱醫師除了在門診幫孩子檢視正在服用的中藥組成之外，也會將特定個案轉介給中醫師，其中大多是營養不良、瘦小的孩子，藉由中醫藥調理脾胃運化功能，進而改善孩子的生長。此外，由於孩子有「陽常有餘，陰常不足」的生理特點，容易因為睡眠障礙導致「陰虛火旺」；再者，現代的孩子也常因情緒管控障礙導致「肝鬱氣滯」，甚至合併注意力不足過動症或妥瑞氏症，也都可以藉由中醫藥調理體質，進一步改善孩子的生長發育。

用藥處方必須回歸中西醫師專業

由此可知，身體健康、正常生長發育之兒童，在體質穩健，陰平陽秘之下，是不需要也不應該使用藥物介入的！

即使孩子體質有所偏差，需要調理，也應針對個別孩子當下的表徵對證用藥。治療過程，還須隨著證型的轉變，動態調整用藥。

至於門診中，常有爸爸媽媽詢問中藥是否可以給孩子使用，邱醫師進一步詢問在服用什麼樣的中藥，常常得到的答案是「水藥」、「藥粉」、「成長一號方」。而重點應了解此中藥當中使用的方劑、單味藥與劑量等資訊，水藥、藥粉只是中藥的一種劑型，而成長一號方是坊間自擬的方劑名稱，還是需要有清楚的藥物組成資訊方能做為參考判斷。

所以，以後家長若要詢問邱醫師目前手邊的中藥可否給孩子吃，請爸爸媽媽提供完整的藥袋資訊內容供邱醫師參考判斷喔！

小兒用藥充滿藝術與學問，需要相當的臨床經驗，熟悉兒童病生理特性的中醫師，方能用藥得當。因此，當爸爸媽媽們對孩子的體質有疑慮，可以帶孩子尋求經過正規訓練的中醫師診治，藉由中醫師的專業，判斷孩子體質是否需要調理；若是對孩子的生長有疑慮，則應由西醫兒童內分泌專科醫師親自診視、評估，安排必要的檢查與治療，讓用藥處方回歸中西醫師專業。再次強調：「專業醫師開處方，用藥安全有保障。」

如何幫助女兒
高人一等？

想幫助孩子高人一等，首先要了解孩子的生長節奏，從小記錄，充分掌握。成長紀錄會是重要的臨床判斷依據。

熟悉並充分落實長高五要件：「遺傳」、「健康」、「營養」、「睡眠」、「運動」。

「勿過食，忌妄補」，研究證實，肥胖孩童，在成長之
路上，常常「贏在起跑點，卻輸在終點前」。

有任何症狀或疾病，看對科別，做出正確診斷與適切
治療。遇到任何疑惑，及時尋求專業協助。

了解正常生長節奏，
從小記錄，充分掌握

經過前面章節的介紹，爸爸媽媽們對於正常兒童生長發育有所認識之後，相信對於女孩成長旅程沿途可能會經歷的景點與挑戰都能有所掌握。接下來就要應用、落實在寶貝女兒身上。

成長旅程中，請徹底落實孩子的成長紀錄。四歲前，請配合國健署定期的預防接種，每次的接種門診，醫療院所會幫孩子測量身高、體重、頭圍，爸爸媽媽可以在就醫時請教醫師，孩子的生長是否正常。四歲以後，孩子開始進入幼兒園生活，**學齡兒童建議每三個月能有一次身高、體重的測量與紀錄。**

每一次的測量紀錄，就好比旅程中行車紀錄器的內容，**請完整留存。當孩子因為生長發育相關問題就醫，請務必攜帶並提供給醫師參考。**這份孩子從小到大的成長紀錄將會是相當重要的臨床判斷依據。

詳細應記錄的內容與頻率，請參照本書附件「寶貝女兒成長紀錄手冊」。

熟悉並充分落實「長高五要件」

邱醫師常在門診跟家長分享:「長高五要件」幾乎決定了一個孩子的最終身高!「長高五要件」包含:遺傳、健康、營養、睡眠、運動。

「遺傳」:可以了解,但不要糾結

來自父母的身高遺傳基因,無法改變。但遺傳並非決定最終身高的唯一條件,「七分天註定,三分靠打拚」,就好比我們無法決定自己出生在什麼國家、種族、父母,無法決定自己得到什麼品牌、規格與性能的車子。但透過對自己的了解及後天的努力,依然可以走完一段精采旅程,完美抵達終點。

「健康」:是一切的根本

生長遲緩可能是疾病的警訊! 有健康的身體,才能發揮孩子最佳的生長潛力!

而健康的身體有賴孩子從小良好的生活習慣養成,以及當孩子出現疾病相關症狀與跡象時的及早就醫、正確診斷與

及時治療。就好比開車要有良好的開車習慣、定期保養，一有風吹草動，應立即檢查，及早維修，車子才能開得長長久久，帶領我們安全抵達目的地。

「營養」要適中：均衡、健康、適量的飲食攝取

成長的旅程要走的順遂，除了要有一部好車，還要加好油！孩子生長要長得好，除了要有健康的身體，還要有均衡、適中的營養攝取！家長們常常詢問，要讓孩子長的高需要補充什麼保健食品？其實，孩子最需要的是六大類食物適量、均衡攝取，而非特別偏重某一樣營養元素。

● 全穀雜糧類

可提供熱量，還可轉換成葡萄糖供細胞使用，提供維生素B、E與膳食纖維，是成長發育期兒童每餐不可或缺的食物種類。每餐建議份量可以「比拳頭多一點」(孩子的拳頭) 做為簡易的判斷。

● 豆魚蛋肉類

蛋白質最重要的來源，蛋白質進到人體會被分解酶分解為小分子的胜肽或胺基酸，是組成人體所有組織、器官的必

需營養素，也是許多荷爾蒙的原料（如生長激素、甲狀腺素等），所以一旦蛋白質攝取不足，孩子幾乎都會呈現營養不良的瘦小身軀，成長速度也將大受影響。簡易的建議攝取量為「一餐一掌心」。

● 乳品類

最主要的鈣質攝取來源，因此在成長發育期的兒童，建議可以「早晚各攝取240毫升的牛奶」來獲取足夠的鈣質。乳糖不耐症的孩子，可以改由優酪乳、優格或起司來替代。而豆漿的鈣含量大約只有等量牛奶的七分之一，較難一次補足一天所需之鈣質建議量。其他含鈣食物還包含芝麻、小魚乾、小方豆干、凍豆腐、油豆腐、傳統豆腐、豆干絲、海帶與綠色蔬菜等，也都可以做為替代選擇唷！

● 蔬菜類

富含膳食纖維，有益於腸道益菌的生存，可幫助腸道健康的維持。此外還可以提供礦物質、維生素、植化素（如花青素、胡蘿蔔素、茄紅素、多醣體等）。建議「每餐至少攝取1拳頭」的蔬菜，均衡攝取五色蔬菜，以獲取不同種類蔬菜的不同營養元素！

● 水果類

富含礦物質與維生素，建議攝取份量為「一餐至多一拳頭」。水果其實富含相當高比例的果糖，還是會對人體血糖調節造成影響。長期過量攝取，會增加糖尿病的風險。

許多孩子習慣在晚上補習回到家後吃水果當點心，過量攝取造成夜間相對高血糖，這會間接影響夜間生長激素的分泌，進而影響長高。蔬菜、水果類的選擇，邱醫師建議優先選擇臺灣本土當季盛產、有政府安全檢驗認證標章的蔬果，新鮮、好吃、便宜、安全又有保障！也請不要以果汁取代原型水果。

● 油脂與堅果種子類

可以提供脂肪、必須脂肪酸、維生素 E、礦物質等人體所需的營養素。但熱量高，不適合多吃。堅果種子類建議每餐一拇指份量，盡量選擇無調味的堅果。三餐烹調用油建議選擇不飽和脂肪含量高、零反式脂肪的油品，如橄欖油、大豆油、苦茶油、葵花油等，應避免高溫烹調（如油炸）。

六大類食物與建議攝取量

除了均衡，還要適量。各個年齡層孩子因應成長需求所需要的熱量都不同，而不同的性別與活動量需求，也讓每個孩子需要的卡路里有所差異。以下列出女孩不同年齡層每日熱量需求表供大家參考，若您的孩子有營養失衡的情形，請尋求醫師與營養師的專業協助。

年齡	熱量(大卡Kcal)	
	活動量－稍低	活動量－適度
0–6個月	100大卡／公斤	
7–12個月	90大卡／公斤	
1–3歲	1150大卡	1350大卡
4–6歲	1400大卡	1650大卡
7–9歲	1650大卡	1900大卡
10–12歲	1950大卡	2250大卡
13–15歲	2050大卡	2350大卡
16–18歲	1900大卡	2250大卡

臺灣女孩每日熱量攝取建議表

資料來源：衛福部國健署「國人膳食營養素參考攝取量」第八版

「睡眠」：一暝大一吋。睡得早、睡得飽、睡得好

閩南語歌謠〈搖囡仔歌〉中，讓人琅琅上口的「嬰仔嬰嬰睏，一暝大一吋；嬰仔嬰嬰惜，一暝大一尺」，相信大家都不陌生。這是前人長期觀察到睡眠充足且睡得安穩、有安全感的孩子，往往長得比較高大，因而流傳下來的一句諺語。

從睡眠醫學的角度來看，生長激素在一天24小時中持續呈現脈衝式分泌，晚上22：00至凌晨3：00分泌量最多，其中「深度睡眠期」階段分泌量最多，足足佔了一天的七成。一般深度睡眠期（慢波期）多發生在入睡後的第30至90分鐘，因此**建議兒童青少年盡量在晚上21：30前入睡，以使生長激素達到最佳分泌狀態。**

在睡眠剝奪的動物與人體都有觀察到生長激素分泌減少的現象。臨床上時常可見兒童青少年在熬夜與睡眠障礙的那段時間成長速度明顯趨緩，而改善睡眠時間與睡眠品質後成長速度大幅改善的案例。

時下兒童青少年普遍存在晚睡或睡眠障礙的問題，建議家長可以嘗試以下方法，解決孩子的睡眠問題，進而改善孩子的生長潛力。

- 建立固定睡眠時間：固定上床睡覺與起床的時間
- 良好睡眠環境：安靜、黑暗、溫度適中，避免聲、光刺激
- 睡覺前一小時避免使用3C產品
- 睡前儀式的建立，如聆聽輕柔的音樂、親子共讀、舒眠伸展運動、按摩推拿等
- 午睡時間不要超過30分鐘
- 睡前避免孩子情緒過度激動起伏

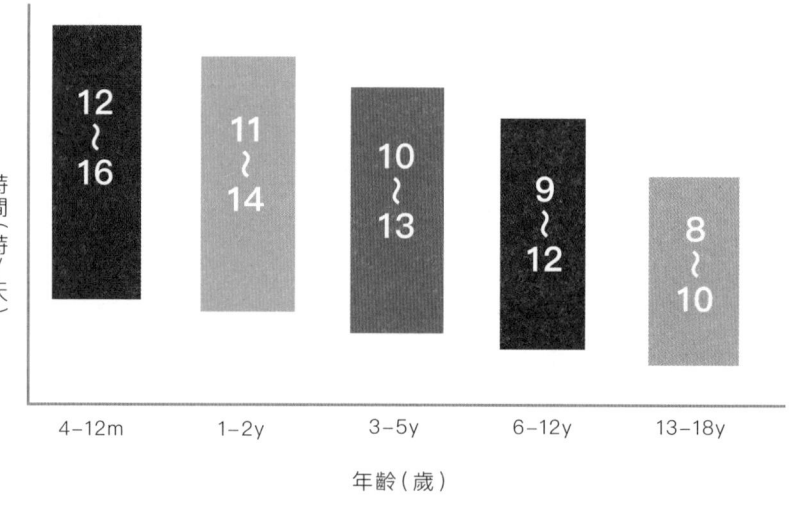

兒童青少年建議睡眠時間

參考資料來源：美國睡眠醫學會

American Academy of Sleep Medicine (AASM)

「運動」：陪伴孩子一生健康的好朋友

● **運動為什麼可以幫助兒童生長**

運動可以透過許多途徑來幫助兒童的線性生長：

1. 刺激生長激素的分泌
2. 增加骨質密度
3. 增加肌肉量與強度
4. 減少脂肪細胞囤積，避免兒童肥胖與性早熟。
5. 改善睡眠品質，增加深度睡眠的穩定度，使夜間生長激素分泌的品質更好。

● **運動的好處不勝枚舉**

1. 提升IQ與EQ。孩子從事運動的過程，可以促進腦部血液循環，刺激腦內啡（endorphins）與血清素（serotonin）的分泌，穩定情緒，產生愉悅的感覺，並改善睡眠品質。運動還能增進腦源性神經滋養因子BDNF（brain-derived neurotrophic factor）的分泌，促進腦部神經元的生長與神經細胞突觸形成，優化孩子的認知功能，使孩子變得更聰明。

2. 增進體能、提升專注力。完成一項運動需要視覺、聽覺、觸覺、本體感覺等多種感覺與動作的統合協調。運動可以改善心肺功能、訓練肢體動作的協調與反應靈敏度。許多研究也證實，運動可以明顯改善注意力不足過動症與妥瑞氏症兒童的症狀，提升孩子的專注力。

3. 運動家精神的養成。孩子可在運動競賽的過程，學習堅持到底、全力以赴的運動家精神。訓練面對瓶頸、挫折、失敗時的情緒調節與抗壓力，並培養面對成功勝利時的謙卑態度。

4. 學習團隊合作、增進人際關係。團隊競賽型運動的參與，可從中學習如何遵守團隊紀律，並透過與隊友溝通協調、技能切磋精進、互助合作來取得勝利。失敗時的互相加油打氣、反省回饋，更是讓孩子勇敢面對自我不足，努力改變求進步的可貴經驗。而克服困難瓶頸、進步的過程，更可以大大建立孩子的自信心。

5. 有病治病，沒病強身。早在戰國時代《呂氏春秋》：「流水不腐，戶樞不蠹，動也。形氣亦然，形不動則精不流，精不流則氣鬱。」即載明運動對於氣機循環與健康

的重要性。從古至今，現代醫學的研究也證實運動可以預防並改善諸多疾病，舉凡肥胖、糖尿病、高血壓、高血脂、脂肪肝、心血管疾病、憂鬱症、失眠，甚至癌症。**運動是有別於保健食品，真正安全、有效、便宜，又不用擔心副作用，是「有病治病，沒病強身，延年益壽」最值得長期投資的一帖良方與績優股。**

6. 改善親子關係。**兒童規律運動習慣的養成，家長與孩子共同參與運動是最好的方式。愛運動的孩子背後，常常可以看到愛運動的父母。**而全家共同參與運動的過程還可以培養親子關係、建立手足情誼，營造幸福的家庭氛圍。

● **兒童青少年如何運動：形式不拘、強度要夠、時間要足**

1. 形式不拘。常有家長詢問「聽說打籃球可以幫助長高」、「聽說練體操、跳芭蕾舞會長不高」，這樣的迷思其實國內外都有，也已有相關研究證實此乃誤會一場。這樣的誤會其實是一種選擇性偏差（selection bias）。

高大魁梧的選手在籃球運動中具備捷足先登、投籃得分的優勢。嬌小身材的靈活體操選手方能完成翻滾、拋接等高難度動作。苗條纖細的芭蕾舞者才能整齊劃一

地展現曼妙的舞姿。特定運動種類，有其特定的選手體型需求，因而造成大家表面上所看到的，似乎打籃球的孩子都比較高，練體操、跳芭蕾舞的孩子都比較嬌小的假象。

其實對兒童而言，運動不拘種類與形式，都不會特別抑制生長（舉重除外）。只要是孩子有興趣、能持之以恆、樂在其中的運動都是好運動！

2. 強度要夠。最大心跳速率（Maximum heart rate）是衡量成人運動強度的重要指標。一個有效的運動應至少達到最大心跳速率的60%以上。最大心跳速率=220-年齡（歲）。

兒童族群可以在20～30分鐘的運動後達到明顯感覺心跳加快、有點喘、流汗的程度做為運動強度是否足夠的參考準則。

3. 時間要足。**世界衛生組織與國健署都建議：學齡兒童與青少年每日應有至少一個小時的中強度運動。**

留意媒體使用對孩子的影響

多媒體世代、人工智慧AI世代的現在與未來兒童，從出生開始接觸多媒體與智慧裝置是不可避免的趨勢。

多媒體與智慧裝置大大改善了人類的生活品質與便利性。特別在COVID-19疫情世代，多媒體與網路克服了安全社交距離的時空限制，維持社會的正常運作。遠距教學讓孩子的學習不中斷，甚至提供更豐富多元的學習資源。

然而，媒體與3C產品的使用無形中也給孩子帶來許多身心靈負面影響。兒童近視比例增加，靜態3C產品的長時間使用佔據了運動與戶外活動的時間，造成兒童普遍運動量不足、過重、肥胖與睡眠障礙。習慣接受聲光影像動畫的多元豐富元素刺激，讓孩子變得排斥接觸平面書籍與文字閱讀。網路與電玩成癮的問題也已釀成多起家庭糾紛甚至自殺悲劇。

不當的媒體資訊內容，讓孩子變得有語言與肢體暴力傾向，不當的交友與情色想像，甚至引誘犯罪，衍生出兒童青少年霸凌、詐騙、性侵、青少女未成年懷孕生子等社會問題，影響層面之廣，不容忽視！

建議家長可以透過以下方式，留意孩子的媒體使用現況：

- **掌握媒體使用時間**

  → 兩歲以下：盡量不使用 3C 產品

  → 兩歲以上：< 1～2 小時 / 天

- **掌握孩子的媒體使用狀況**

  → 應用程式、遊戲與社群網站

  → 瀏覽過的網頁內容紀錄與搜尋紀錄

  → 交友對象

- **建立 screen-free zone, screen-free time 與 screen-free activity**

  → 家中臥室、餐廳與書房不要有 3C 產品

  → 制訂固定零 3C 時間，如：睡前一小時不使用 3C 產品

  → 安排固定零 3C 活動，如：登山、運動、畫畫、烹飪、樂器、手作等活動

- **家長陪同孩子使用 3C 媒體，並以身作則遵守規範**

- **教導孩子學習網路安全、法律規範與隱私的重要性，培養媒體素養**

勿過食、忌妄補

養得白白胖胖，才有本錢抽高？

相信大家都不陌生，老一輩長者常說「小孩養胖一點，以後才有本錢抽高」。事實上，研究證實肥胖兒童確實在青春期前長得比較快，但整個成長時間會比較短，最終身高反而略差一籌。在兒童生長門診很常見肥胖兒童骨齡明顯超前，合併骨齡快速進展，生長板快速閉合，導致生長期提前結束，我常稱之為「贏在起跑點，但卻輸在終點前」。

我的孩子應該要補鈣嗎？

兒童與青少年時期適量的鈣質攝取與吸收，有助於骨本儲存與骨骼健康成長。

特定低血鈣疾病的兒童(如佝僂症或假性副甲狀腺功能低下)會因為血鈣不足，鈣磷代謝異常，而造成生長遲緩與骨骼病變，需要藉由處方用藥補充足夠鈣質來改善生長。

一般健康兒童的生理所需鈣質應由天然食物中攝取，不應自行以藥物或保健品來輔助或取代。

常見富含鈣質的食物如牛奶、乳製品、豆類、麥片、芝麻、小魚乾、豆干、綠色蔬菜等。一天500毫升的牛奶再加上均衡營養攝取，成長所需鈣質足矣。

市售鈣質保健品，常常除了鈣質本身，額外添加許多化學成分，已有許多臨床觀察發現，兒童在服用鈣質補充品的過程發生骨齡快速進展的現象。

2021年11月一篇刊登在知名醫學期刊《刺絡針》（The Lancet）上關於營養對青少年生長相關的研究論文上提及，兒童補充鈣質後長期觀察後續生長的研究結果顯示，額外補充鈣質組生長時間反而提前結束，最終平均成人身高反而比安慰組矮了3.5公分。因而得到一個**健康兒童額外補充鈣質反而不利於生長**的推論。

請爸爸媽媽們在看到誘人廣告時先冷靜下來，若實在很心動或有疑惑，也請先詢問孩子的醫師，切勿衝動購買，強迫孩子服用，甚至推薦親朋好友服用，當心反而揠苗助長，後悔莫及。

我的孩子應該要補鋅嗎？

鋅是人體必需的微量元素，參與人體許多系統功能的運作，包含免疫功能、組織修復、傷口癒合、皮膚健康、睪固酮合成等。鋅缺乏的兒童可能出現食慾不佳、生長遲緩、免疫力差、容易感染、皮膚炎、腹瀉、落髮等現象。鋅缺乏的生長遲緩兒童在經由適當的鋅補充與治療後，可以改善生長速率。

健康兒童鋅的來源主要來自食物攝取，如牡蠣、蛤蠣、蝦子等帶殼海鮮、牛豬羊肉、堅果、蛋黃等都富含鋅，不挑食、均衡飲食攝取的健康兒童一般不會鋅缺乏。**沒有鋅缺乏的兒童額外補充鋅錠對成長沒有正向助益**，不當補充當心出現噁心、嘔吐、腸胃不適等鋅中毒的副作用。

若對於孩子是否鋅缺乏存在擔憂與疑慮，請詢問專業醫師，醫師將針對個別孩子進行評估，若證實有鋅缺乏的問題，醫師也會給予孩子所需的處方用藥與劑量，請家長不要自行購買補充品給孩子服用。

遇到生長疑惑——及時尋求「專業」協助

孩子成長過程中，遇到生長相關困惑與疑慮，擔心孩子是否生病，是否應該使用任何藥物，都應尋求專業協助。網路資訊雜亂而真假難辨，也常有利益取向的商業目的滲透其中。

邱醫師建議家長們在「評讀網路醫學文章」時，可以透過以下原則做初步判斷：

- 醫學資訊應由該疾病所屬專科、次專科醫師執筆書寫。隔行如隔山，特別是博大精深的醫學領域。除了要有相關專科、次專科嚴謹的訓練背景，還要有相關的臨床經驗累積與不斷地進修更新醫學新知，方能獨當一面，具備因應該科別領域疾病各種千變萬化的挑戰能力。

- 文章作者應明確具名。清楚註明作者醫師服務機構與全名，是對文章內容負責任態度的表現。

- 留意文章刊登日期與更新日期。醫學的研究與發展日新月異，過去的醫療指引不適用於現今的臨床醫學。因此

閱讀醫療文章，應盡量選擇較新發表或持續更新的內容，方能與時並進。

● 標題應切合主題與文章內容。商業化經營取向的網路文章，往往為了流量與點擊率，刻意以聳動、吸睛、誇大不實的「誘餌式」標題來吸引讀者的目光。然而內容卻與標題不盡相符，甚至以標題刻意誤導觀眾。醫學文章應格外嚴謹，不應誇大療效、公開招攬。

最後，即使是專業、可靠的醫療文章，也不應直接全然套用在自己或孩子身上，擅自下診斷，並自行用藥。「線上醫療諮詢服務」，雖可提供正確醫療資訊，避免錯誤就診，節省摸索轉診的寶貴時間，也無法完全取代面對面看診。

還是要再次強調，有任何疑難雜症，應尋求相關醫療專業，正確就診，由專業醫師做診斷與執行醫療處置，方能保障孩子的安全。

看對科別——正確診斷與適切治療

女孩常見問題就醫科別建議

症狀或疾病	建議就診科別
身材矮小、肥胖、性早熟、性晚熟、甲狀腺問題、糖尿病、月經異常	兒童內分泌科
便祕、腹瀉、腹脹、嘔吐	兒童腸胃科
關節疼痛、步態異常、脊柱側彎、長短腳、扁平足、青蛙肢	兒童骨科
異位性皮膚炎、氣喘、過敏性鼻炎	兒童過敏風濕免疫科
注意力不足過動症、憂鬱、焦慮、情緒障礙、創傷後壓力症候群、網路成癮、自閉症	兒童心智科
妥瑞氏症、癲癇、語言動作發展遲緩、頭圍過大或過小、頭痛、頭暈	兒童神經內科
血尿、蛋白尿、泌尿道感染	兒童腎臟科
淋巴結腫大、面色蒼白、疲倦、不明原因多處大片瘀青、體重減輕	兒童血液腫瘤科
學齡前疫苗接種	健兒門診
青少年疫苗接種、感染性疾病	兒童感染科
先天性心臟病、心雜音	兒童心臟科
染色體異常、先天代謝異常	兒童遺傳代謝科

何時可以尋求中醫協助

當女孩出現上述問題，建議先尋求西醫相關兒童次專科醫師的專業評估診斷，若有相關疾病應優先配合西醫治療。過程中如希望輔以中醫療法，可以與西醫師諮詢討論，並請西醫師推薦轉介。

若孩子經西醫兒科醫師診斷無相關疾病，但仍有所不適，處於「亞健康」狀態，或有體質偏差的表現，如睡眠障礙、腹瀉、食慾不振、消化不良、口舌生瘡、口臭、青春痘、便祕、情緒障礙、手腳冰冷、月經失調等，可以透過中醫的治療來調理體質、改善症狀、幫助生長。

建議優先選擇有**接受過西醫兒科醫師訓練或具西醫兒科專科醫師證照的中西醫師或中醫兒科醫師為佳。**

就醫建議流程圖

身高以外的事

矮小大部分不是病，應充分了解孩子矮小的背後原因，方能掌握改善孩子生長的正確方法。

良好生活態度與習慣的養成，是守護一輩子健康的基礎，不是只是為了要長高而已。

身高不是唯一，家長不應時常拿孩子的身高做比較，
讓孩子誤解身高才是一切。

家長應以身作則帶領孩子從小建立良好的生活習慣與
人生態度，讓我們一起為守護孩子的身心健康努力。

生長異常可能是疾病的警訊

許多疾病都會直接或間接地影響孩子的生長，家長與兒童照護者應對女孩的正常生長時程、生長速度、青春期發育時間等有基本的了解與掌握，方能從異常生長中，盡早發現、及早正確就醫，早期診斷、早期治療，守護孩子健康，把握黃金生長期。

矮小大部分不是病

大多數前來就診的矮小孩童並非病理性因素所致，有許多是遺傳性矮小、體質性生長遲緩，更多是導因於不良生活習慣所致的生長遲緩，如長期的不當飲食、熬夜、睡眠不足、及運動量不足等。應充分了解孩子矮小的背後原因，方能掌握改善孩子生長的正確方法，而非一味地尋求藥物治療的介入或添購保健食品，不僅無助於孩子生長，甚至給孩子的健康帶來無形中的傷害與負擔。

不良生活習慣除了會影響成長，還會導致未來成人疾病的發生

大家耳熟能詳的「飲食、運動、睡眠」這些良好生活態度與習慣的養成，除了會影響兒童青少年的生長，更是守護孩

子未來一輩子健康的基礎。臨床上偶爾可見家長灌輸孩子做這些行為與努力，一切都只為了長高，孩子在生長遇到瓶頸與挫折時，或終於達到成人身高後，便不再重視這些健康行為的重要性，終究釀成未來疾病的發生，甚至這樣的不良行為還會透過「表觀基因學」影響到後代子孫，造成下下一代的生長異常與疾病發生。

以女孩常見的性早熟為例，目前已有許多證據顯示與未來成人時期的肥胖、代謝症候群、心血管疾病，甚至是「發生率逐年竄升且快速年輕化的乳癌」，以及卵巢癌、子宮內膜癌等疾病息息相關。

許多家長告訴孩子，這些垃圾食物等長大以後就可以盡量吃了，殊不知這些環境荷爾蒙干擾物同時也是致癌物！在孩子沒有正確觀念的前提下，待孩子長大成人，脫離父母的保護傘，自己生活時，往往為了方便、省時、享受，忽略了健康飲食、正常睡眠、規律運動、避免高熱量食物、精緻食物、含糖飲料、環境荷爾蒙干擾物的重要性，最終種下未來疾病的種子，甚至殃及下一代。

身高不是唯一也不是一切

如同自然界萬物，動物體型本有大有小，有高有矮，有胖

有瘦，人類亦然。只要孩子身體健康、生長趨勢符合遺傳條件，與同種族標準身高範圍沒有太大的落差，皆屬正常生長。

家長與醫療工作者不應灌輸孩子矮小就是生病、矮小就是弱勢的錯誤觀念。也不應該一再以身高來加諸孩子壓力，時常拿孩子的身高做比較，讓孩子誤解身高才是一切，長得矮就什麼都不是，常常這些大人們認為無心的話語，無形中其實對孩子的心理造成了不小的傷害與衝擊。

歷史上矮個子的名人不勝枚舉，舉凡在法國大革命中一枝獨秀創造法蘭西帝國的拿破崙，身材雖小但足智多謀；剛正不阿與廉潔純樸給後世留下不少佳話的齊國宰相晏嬰；才華洋溢，留下許多永世流傳著名畫作的西班牙藝術家畢卡索；英國首相邱吉爾；美國總統詹姆斯·麥迪遜；奧地利作曲家古斯塔夫·馬勒；魅力無法擋的好萊塢演員湯姆·克魯斯……等。

家長應以正向鼓勵取代責備謾罵，也應多方發掘個別孩子的優點與長處，並以身作則帶領孩子從小建立良好的生活習慣與人生態度，並引導孩子學會欣賞他人的優點、包容他人的弱點，並學習尊重他人的專業。讓我們一起為守護孩子的身心健康與正向的社會風氣努力。

家長與小朋友
就診心路歷程分享

經過前面十個章節的介紹，相信爸爸媽媽們對於女孩的成長旅程，已經有了大部分的了解與掌握。第十一章，邱醫師特別邀請幾位照顧過或照顧中的女孩家長，來分享爸爸媽媽們當時面對女孩成長發育的擔憂，就醫的歷程，面對診斷時的壓力，決定治療或不治療過程的糾結與掙扎，以及後續完成治療，順利長大的喜悅。

幾位女孩分別屬於不同情境的案例。有為了孩子的肥胖問題，全家一起養成運動習慣，挑戰百岳的家庭；有家族性矮小併青春期骨齡快速進展，經過一番討論決定讓孩子接受治療的家長；有性早熟及早發現及早接受治療的女孩；有小時候肥胖合併骨齡超前曾焦急地想接受性早熟治療卻被邱醫師勸退的家長。

以上案例與情境都是門診中相當常見的族群。希望透過真實個案的生長歷程，與過來人的現身說法，讓即將開啟旅程或正在十字路口徬徨徘徊的爸爸媽媽們，能有所依循。

除此之外，這幾位家長對於孩子的正向養育、信任專業、遵從醫囑，勇敢提出疑問，理性溝通討論與面對問題，以身作則、用心陪伴，以肯定與鼓勵取代要求與強迫，以實

際行動取代逃避，勇於解決問題等教養態度，更是值得你我學習的優良典範！

有健全家庭支持的孩子，除了能從小建立良好的生活習慣，健康成長，發揮最佳的生長潛能，常常也都能兼具自律、責任感、自信心、良好人際互動等健全多元的發展。正所謂「**態度決定高度**」，與各位共勉之！

向日葵的蛻變之旅

◎ Erica Lin

向日葵打從出生開始就是個健壯的好寶寶，但隨著孩子逐漸長大，體型卻越趨圓潤，小學二年級時我們注意到孩子較豐滿的胸部，深怕是性早熟，進而帶向日葵到林口長庚醫院就醫，當時很幸運地遇見了邱巧凡醫師。

起初，我們對於孩子超前的骨齡擔憂不已（8 歲的孩子，骨齡卻已經 10 歲），邱醫師相當仔細地幫孩子做檢查，並耐心地說明向日葵的身體狀況。

原來，向日葵沒有性早熟！骨齡的超前原來來自於過重的體重。邱醫師提醒我們肥胖本身也是性早熟的風險因子，甚至會造成日後許多肥胖併發症，千萬不可以輕忽！並指導如何幫孩子做好體重管理，安排定期的門診追蹤留意向日葵後續的成長發育、體重的控制狀況、以及骨齡的變化。

向日葵非常認真地配合邱醫師建議的體重管理計畫，詳實地記錄每日體重、飲食日記，回診時與邱醫師討論飲食內

容與遇到的瓶頸。我們夫妻也為孩子規劃了親子運動時間，為了持之以恆，我們每週固定三天進行晨運，晨運的日子，我跟向日葵早上5點半就起床、6點出門運動到7點，再回家準備上班上學。

晨運的類型，我們隨著天氣、心情或是配合學校活動等進行多樣性的變換，有時跑步，有時騎單車、打羽球等，並盡量以遊戲及鼓勵的方式來進行。爸爸及哥哥固定加入週五的晨運，全家的參與，每每都讓向日葵歡欣不已、鬥志高昂。

歷經多年來全家齊心的努力，向日葵目前15歲，身高166.3公分，體重55.8公斤，是相當高挑又標準的身材。也因為持續做好體重管理、健康飲食，孩子後續也在很標準的年齡開始青春期發育以及初經來潮。

愛畫畫的向日葵謹記邱醫師的叮嚀，持續維持記錄體重的好習慣，甚至幫全家人精心製作體重紀錄表。托向日葵的福，我們全家因此養成了固定運動的好習慣，也訓練出強健的體魄，陸續完成了雪山東峰等百岳攀登以及泳渡日月潭等挑戰。

目前身高
166.3cm

遺傳身高
163.5cm

向日葵　　　　▲ 預估成人身高　● 實際身高曲線

實際年齡	骨齡	身高（cm）	體重（kg）	預估成人身高（cm）
8Y2M	10Y	138.1	44	166.8
8Y11M	12Y	143.5	44	159.3
9Y5M	12Y	148.6	49.1	164.9
9Y11M	12Y	151.8	51.5	168.5
10Y6M	12Y	157.1	55.4	174.4
10Y11M	12Y6M	160.4	56.9	173.6
14Y3M	17Y	165.5	52.2	165.8
14Y9M	———	166.3	55.8	———

向日葵成長紀錄

這條減重之路走來相當不容易，好幾次因為媽媽的筋疲力盡，或是孩子們鬧脾氣而一度萌生放棄的念頭，每每在邱醫師的鼓勵與支持下，讓我們可以繼續堅持。

回首這幾年來的努力，不僅讓孩子長高、變苗條，全家人還一起變健康、變強壯，更為夫妻倆與孩子們留下許多美好而難忘的回憶。**邱醫師常說，養成全家一起規律運動的好習慣與態度，是父母給孩子一輩子最珍貴實用的資產。**

這段旅程，不只是向日葵的蛻變之旅，也是我們一家人的蛻變之旅。

我們做得到，相信大家也可以做得到！

小恩寶奇遇記

◎恩寶媽咪

為人父母是一件很微妙的事情。孩子呱呱墜地後，成長過程的點點滴滴，分分秒秒都是感動。恩寶是我們第一個孩子，從小乖巧可人，唯獨身高這件事，一直讓我們憂心忡忡。

我和先生都嬌小，偏偏身高又和遺傳密不可分，輸在起跑點，得加把勁才行！營養品一箱箱搬，中藥、針灸統統來，恩寶卻始終無法脫離「三趴俱樂部」。引頸期盼身高未果，盼來的卻是孩子的青春期，萬般無奈，只好趕緊求助邱巧凡醫師。

經過邱醫師的仔細評估與檢查後，原來孩子的矮小來自於遺傳的影響。雖然不是病態的矮小，然而加上發育期的骨齡快速超前，以及不理想的生長速度，即使經過半年的努力，恩寶的預估身高甚至從145公分退步至141公分，心急的我們與邱醫師諮詢討論治療的可行性。

▲ 預估成人身高　● 實際身高曲線

恩寶

實際年齡	骨齡	身高（cm）	預估成人身高（cm）
8Y6M	8Y6M	123	145
9Y1M	11Y	124.7	141.2
9Y7M	11Y	129.3	146.4
10Y	11Y3M	132.4	149.3
10Y3M	---	134.2	---

治療開始

恩寶成長紀錄

邱醫師仔細說明治療的疾病適應症、治療的實況以及恩寶生長情形等諸多考量，並解答我們對於治療的擔憂與疑慮後，我們開始了生長激素以及性早熟針劑治療。

除了藥物治療的輔助，邱醫師再三提醒我們健康生活習慣養成的重要性，恩寶也十分努力配合，徹底落實規律的生活作息。恩寶總是期待著每一次的回診，長高幾公分？骨齡幾歲了？還能長高嗎？溫柔親切的邱醫師總能不厭其煩地仔細分析孩子每一季的成長趨勢，讓我們了解與放心。

除了注意孩子的生長與健康狀態，邱醫師特別叮嚀，除了關注孩子的健康與生長之外，更應重視孩子健全人格的養成，發掘孩子的特質與優點，給孩子鼓勵。也一再提醒家長在孩子成長過程中陪伴與支持的重要性。

恩寶目前接受治療一年，身高從125.1公分長高到134.2公分，足足長了9.1公分。預估成人身高條件在去年9月也已從治療前的141公分進步到149.3公分。

這樣的進步讓恩寶與我們夫妻倆都相當振奮！周遭的親朋好友們也都注意到恩寶的成長，孩子也明顯對自己更有

自信，更有笑容。我和爸爸戲謔恩寶說，妳果然是天選之人。我們也不忘提醒孩子，革命尚未成功，恩寶仍須努力！我們也會繼續陪伴著孩子一起加油！

恩寶畫作：生長門診就診心路歷程

從淚灑診間到雨過天晴

◎陳小麗

女兒Momo自幼生長曲線一向是第97百分位的女孩，喜歡美食，特別獨鍾速食店的炸雞塊。幼兒園大班時，我們發現她胸部隆起，原本爸爸說應該只是胖，還好媽媽警覺性高，有立即帶孩子就醫。

還記得邱醫師說要安排住院做檢查時，媽媽心中百感交集，心想怎麼會發生這種事！還記得當時我淚灑診間，自責自己怎麼把孩子照顧成這樣？後來確定診斷女兒是中樞性早熟，由於發現得早，加上符合健保給付的條件，我們很幸運地通過健保審核開始接受性早熟的針劑治療。

起初，孩子得知每個月都要打針治療，既害怕又抗拒，我們也相當不捨，幾度想放棄。

過程中，溫柔的邱醫師總會輕聲細語地鼓勵孩子，並且在孩子表現有進步時，貼心地準備孩子最愛的小禮物做為獎

Momo

▲ 預估成人身高　● 實際身高曲線

實際年齡	骨齡	身高（cm）	預估成人身高（cm）
6Y9M	10Y	126.5	152.8
7Y5M	11Y	132.2	149.7
7Y10M	11Y	133.8	151.5
8Y10M	11Y6M	140.8	157.5
9Y9M	12Y	145.7	162.7
10Y7M	12Y	151.4	168
11Y10M	13Y	156.4	165.5
13Y2M	–––	162	–––

治療開始

Momo 成長紀錄

勵，漸漸地孩子不再害怕打針，甚至轉而期待每一次回診日的到來。

除了例行性的治療，邱醫師每次回診都會留意孩子身高、體重與性徵的變化，不厭其煩地提醒女兒要健康適量飲食、努力運動，鼓勵孩子參加運動類型的社團與課程。畢竟女兒已長時間嗜食加工食品又不愛運動，每每在要求孩子運動與節制飲食時，幾乎都要上演家庭革命。

治療過程中，女兒的骨齡逐漸得到控制，成人身高條件也從原先的只能長到149公分上修到165.5公分，經過四年的治療，現在女兒12歲半，身高已長到162公分，初經也乖乖地在12歲正常報到。邱醫師說，Momo的生長還沒結束，請我們繼續努力！

回顧這一路上歷經過的害怕、驚恐、自責、不捨、挫折、無奈與煎熬，但我們還是咬緊牙根一起挺過來了，如今看到孩子健康成長，可謂苦盡甘來。雨過總會天晴！讓我們一起加油！

回首來時路

◎ 謝欣妤

小女貝貝從小即嗜美食，圓滾滾的身材搭配大大的眼睛甚是可愛。小一暑假時因為興趣報名了烹飪課程，中西美食、飯、麵、甜點，樣樣學得（吃得）津津有味，一個暑假足足胖了 2 公斤，於此同時我們還發現女兒的乳房竟然隆起了！

爸爸驚覺不對勁，於是上網查詢，得知此狀況需留意「性早熟」，並找到林口長庚醫院邱巧凡醫師，於是開啟了長達四年的求診歲月。

初次求診，我們帶著忐忑不安的心情。邱醫師細心地詢問病史，進行身體檢查，由於骨齡超前許多加上異常的生長速度，我們還住院做了進一步的檢查，感謝長庚團隊的專業與耐心，讓小女能安心接受檢查。

邱醫師仔細說明，綜合小女的整體生長表現以及檢查結果，小女並非中樞性早熟，建議透過健康的生活行為（良好的生活習慣以及減少環境荷爾蒙的接觸）來阻止後續發

育的進展。然而面對超前許多的骨齡及只能長到159公分的成人身高，在我們夫妻的身高組合（爸爸180公分，媽媽168公分），實在難以接受。

我們嘗試遵循醫師的建議初步實行3個月後，因貝貝不喜歡運動導致成效不彰，體重沒有下降讓我十分挫折及擔憂，甚至幾度想請邱醫師直接讓小女接受性早熟針劑治療。

邱醫師每次門診都不厭其煩地花了許多時間分析小女的狀況，當時孩子已進入正常可以發育的年齡層，加上孩子的性徵並不明顯，幾個月的觀察下來成熟速度也不快，身高條件也很優秀且不斷地在進步，又有體重過重這些額外造成骨齡超前的因素，因此不建議在小女的情況使用藥物治療的介入。

過程中，邱醫師除了耐心說明解答家長的擔憂，也花了許多心思在讓孩子了解：孩子被帶來就診的原因，以及讓孩子知道落實健康生活習慣的理由及方法。幾次下來，貝貝似乎漸漸懂了。

為了不要打針，貝貝開始自發性地控制飲食、早睡、積極

運動，當次回診貝貝竟然成功減了 2 公斤，身高速度也比之前更漂亮，邱醫師大大肯定貝貝的努力與成效，還精心準備孩子喜歡的禮物做為獎勵。

就這樣，我們四年來，持續遵循醫師的建議努力，每三個月帶孩子回診讓醫師評估孩子的生長發育，每半年安排一次骨齡檢查。過程中偶有退步挫折的失落感，也時有進步的滿足與雀躍。

體重失控、長高速度慢下來時，邱醫師會引導孩子思考三個月來的生活型態，是否有不利於健康與生長的行為，讓我們能即時注意，並重新調整腳步。孩子體重控制很好、長高速度進步時，邱醫師也會給予孩子肯定與鼓勵。

四年來的定期回診，貝貝的預估成人身高條件一路從 159 公分，上修到 164.3 公分。小五下學期，邱醫師正式宣布貝貝可以從生長門診畢業了，因為小女的身高條件很優秀，孩子也很自律，我跟貝貝當場高興到大聲歡呼！

回首貝貝的成長過程，真的非常感謝邱醫師的悉心照顧以及願意花時間好好跟家長與孩子溝通正確觀念，阻止我們曾經幾度想給孩子用藥的衝動。

遺傳身高
168cm

目前身高
165.5cm

▲ 預估成人身高　　● 實際身高曲線

貝貝

實際年齡	骨齡	身高（cm）	體重（kg）	預估成人身高（cm）
5Y6M	5Y	118.3	28	---
8Y6M	11Y	140.4	38.9	159
8Y11M	11Y	143.5	41.6	162.5
9Y2M	11Y6M	146.1	41.8	163
9Y10M	13Y	152.4	46.7	158.8
10Y7M	13Y6M	157.9	48.7	163.9
11Y8M	15Y	162	48.3	164.3
13Y10M	---	165.5	48	---

貝貝成長紀錄

還記得最後一次回診，邱醫師語重心長地說：「時下不少類似貝貝的狀況，被不當的使用性早熟藥物治療，多數家長也停留在有用藥才是有治療的迷思，要不在初次就醫後發現沒早熟，便沒再繼續追蹤留意孩子後續的生長發育；不然就是尋求坊間保健食品，不僅花錢傷身，甚至揠苗助長，卻忽略了改變生活作息、疾病預防的重要性。」

現在貝貝已經國中二年級，目前身高165.5公分、體重48公斤，我們相當慶幸，當時有依循醫師的建議，並持續定期回診追蹤。

在邱醫師身上，我們看到了「視病猶親」、「德醫雙馨」的最佳典範。希望透過此次的分享，讓類似貝貝的孩子與家長，能夠更有信心地面對、陪伴孩子成長。也很開心邱醫師能將這些知識與經驗彙集成書，將兒童成長發育的正確觀念散播到更深、更遠的地方，造福更多家庭與孩子。

成長旅程（女孩版）

生命有路 011

**一張親子共乘的單程票，
一帖緩解家長擔心焦慮的良方**

作者 ——— 邱巧凡
策劃 ——— 張佳雯

內頁插畫 —— 照護線上　　　　董事長 ——— 林明燕
責任編輯 —— 林煜幃　　　　　副董事長 —— 林良珀
全書設計 —— 吳佳璘　　　　　藝術總監 —— 黃寶萍

社長 ——— 許悔之　　　　　策略顧問 —— 黃惠美・郭旭原
總編輯 ——— 林煜幃　　　　　　　　　　　郭思敏・郭孟君
副總編輯 —— 施彥如　　　　　顧問 ——— 施昇輝・林志隆
美術主編 —— 吳佳璘　　　　　　　　　　　張佳雯・謝恩仁
主編 ——— 魏于婷　　　　　法律顧問 —— 國際通商法律事務所
行政助理 —— 陳芃妤　　　　　　　　　　　邵瓊慧律師

出版 ——— 有鹿文化事業有限公司｜台北市大安區信義路三段106號10樓之4
　　　　　　T. 02-2700-8388｜F. 02-2700-8178｜www.uniqueroute.com
　　　　　　M. service@uniqueroute.com

製版印刷 —— 沐春行銷創意有限公司

總經銷 ——— 紅螞蟻圖書有限公司｜台北市內湖區舊宗路二段121巷19號
　　　　　　T. 02-2795-3656｜F. 02-2795-4100｜www.e-redant.com

ISBN ——— 978-626-7262-31-3　　　定價 ——— 450元
初版 ——— 2023年8月　　　　　　版權所有・翻印必究

成長旅程：一張親子共乘的單程票，一帖緩解家長擔心焦慮的良方. 女孩版 / 邱巧凡・著
— 初版・— 臺北市：有鹿文化 2023.8・面；（生命有路；011）
ISBN 978-626-7262-31-3　1.育兒 2.衛生教育 3.親職教育　428..........112011448